# 带有饱和约束的非线性系统容错控制方法

孟宪吉 著

中国矿业大学出版社
· 徐州 ·

## 内 容 提 要

控制理论中一种非常重要的非线性现象就是饱和特性，容错控制是一门有几十年历史的交叉学科.本书第1章对饱和控制问题和容错控制问题做了介绍.第2章和第3章对几种带有饱和约束的非线性系统的可靠性控制问题进行了研究.第4章至第6章研究了几种带有饱和约束的连续系统的故障检测与容错控制问题.

本书可供高等学校数学专业和自动化专业的教师和学生使用.

**图书在版编目(CIP)数据**

带有饱和约束的非线性系统容错控制方法 / 孟宪吉著. — 徐州 ：中国矿业大学出版社，2024. 8. — ISBN 978 - 7 - 5646 - 6391 - 9

Ⅰ. O211.6

中国国家版本馆 CIP 数据核字第 2024VF7139 号

**书　　名**　带有饱和约束的非线性系统容错控制方法
**著　　者**　孟宪吉
**责任编辑**　张　岩
**出版发行**　中国矿业大学出版社有限责任公司
(江苏省徐州市解放南路　邮编 221008)
**营销热线**　(0516)83885370　83884103
**出版服务**　(0516)83995789　83884920
**网　　址**　http://www.cumtp.com　**E-mail**:cumtpvip@cumtp.com
**印　　刷**　苏州市古得堡数码印刷有限公司
**开　　本**　787 mm×1092 mm　1/16　**印张** 8.75　**字数** 171 千字
**版次印次**　2024 年 8 月第 1 版　2024 年 8 月第 1 次印刷
**定　　价**　36.00 元
(图书出现印装质量问题，本社负责调换)

# 前　言

随着现代控制技术的迅猛发展,带有饱和约束的控制问题越来越受到人们的关注.其主要体现在执行器饱和和传感器饱和两个方面,即要解决在执行器、传感器工作过程中的输出有界性.当执行器、传感器饱和现象是系统分析与设计的关键因素时,闭环系统的稳定性将不再具有全局性,即闭环系统的稳定性仅在局部范围内有意义.若不考虑系统的执行器饱和及传感器饱和这两种情况便会导致系统的性能下降甚至不稳定.除此之外,在飞行器控制及航空航天等具有饱和现象的复杂系统领域之中,系统的容错能力也极为重要.也就是说,系统可靠性和安全性也是现代控制领域中至关重要的一个环节.

为此,本书在总结前人工作的基础上,针对以下几类饱和约束下非线性系统的容错控制问题进行了研究.

(1) 带有执行器饱和约束的一类严格反馈非线性系统可靠控制.

针对一类具有 Brunovsky 标准型以及输入饱和约束的不确定非线性系统提出了一种基于吸引域估计的自适应控制方法.首先,在两种不同的非线性假设条件下,针对 Brunovsky 标准型系统,给出了一种吸引域的刻画方法,证明了在此吸引域内控制输入将不会超出饱和边界.然后,在此基础上,采用 Backstepping 法构造状态反馈控制,并基于 LaSalle-Yoshizawa 定理,证明了闭环系统的稳定性.

(2) 带有执行器迟滞饱和约束的一类严格反馈非线性系统自适应可靠控制.

本书采用的执行器迟滞饱和模型是一类比率独立的 Duhem 模型,它反映的是存在于执行器磁性材料中的迟滞饱和特性.本书采用自适应 Backstepping 控制方法,将执行器迟滞饱和特性融入控制器的设计过程中并有效地消除了迟滞饱和作用对系统的影响.所给出的设计方法不需要知道精确的迟滞模型表达式,并能够保证系统的输出快速跟踪上给定信号,使跟踪误差在一个很小的范围内波动,同时保证闭环系统的所有信号有界,理想地达到了预期控制目标,运用 Lyapunov 稳定性理论证明了闭环系统的稳定性.

(3) 带有执行器饱和约束的一类多项式连续系统被动保成本容错控制.

针对执行器失效故障,本书建立了执行器失效故障的多胞型描述模型.本书考虑一类用多项式描述的非线性连续系统,其系统矩阵的元素为系统状态的多项式函数.为了把饱和约束下容错控制器设计问题转化为可解的半定规划问题(SDP),本书引入了一个指数来刻画一部分非线性项的影响.它与保性能指标和 L2 优化指标结合,把原始的容错控制设计问题转化为多目标指数优化问题.应用 SOS(sum of squares)优化方法可以可靠而有效地解决这类多项式优化问题.本章给出的方法与已有的非线性系统的容错控制方法的一个主要的不同之处,在于所给出的带有饱和约束的容错控制器是通过 Lyapunov 函数的算法求解而建立的.与现有方法相比,本书给出的解决方案是一类 SDP 优化算法,由于其形式上是凸的,因而不需要多次迭代来进行求解,具有更高的可靠性.

(4) 带有执行器饱和约束的一类多项式离散系统被动鲁棒容错控制.

针对一类带有执行器饱和约束的多项式非线性离散系统，本章给出控制设计方法，使得系统在发生执行器饱和和执行器故障的情况下仍然能够保证 $H_\infty$ 性能.为了把执行器饱和约束下容错控制器设计问题转化成半定规划问题，本章把优化问题中的非线性项描述为一种指标，并寻找其零最优解.进而，该指标与 $H_\infty$ 指标相结合，使得原始容错控制问题转化为一组状态依赖的线性多项式矩阵不等式.最后，本章采用了 SOS 优化方法进行求解，给出被动鲁棒容错控制的数值求解方案.

（5）带有传感器饱和约束的 Itô 型随机时延系统的同时故障检测与控制.

针对带有传感器饱和约束的 Itô 型随机时延系统的同时故障检测与控制问题，本章给出一个全阶动态输出反馈控制器，同时保证控制目标和检测目标.本章的主要贡献如下：对于随机时延系统的多目标控制器设计问题，采用多 Lyapunov 函数方法来进行处理；同时，使用线性矩阵不等式来描述动态输出反馈控制器的设计条件；本章所提出的故障检测和控制的方法与现有结果相比，可以获得更好的控制与检测性能.

由于作者水平有限，加之时间仓促，书中不当之处恳请读者不吝赐教.

著　者

2024 年 3 月

# 目　录

# 第1章 绪 论

对非线性系统的研究,往往忽略控制系统中的非线性部分,退而求其次得出线性系统的结论.随着控制理论在实际中的应用不断发展和生产生活要求的不断提高,控制论领域的学者越来越意识到实际中非线性环节的重要性,因此,人们对非线性控制系统的研究热情也越来越高.在众多的非线性环节中,饱和非线性就是一种典型的非线性,而饱和控制系统或者带有饱和约束的系统就属于非线性系统.一般而言,饱和控制系统问题分为状态饱和、控制饱和、输出饱和,也可能是以上几种变量同时饱和.饱和现象的存在往往会导致系统性能的降低,并引起控制系统稳定区域的变化[1].因此,当系统发生饱和现象时,如何对系统施加适当的控制作用以保证良好的性能,已成为当今的研究热点.通常,饱和非线性出现在动力学系统建模的过程之中,这类系统在某些工程中是很常见的.例如,带有位置与速度限制的机械系统执行器及输出能量有界的电力驱动装置等.由于饱和非线性是系统的固有属性,此类系统是不能通过线性系统进行描述和控制的,因此,有必要针对带有饱和类非线性系统发展有关定性分析的理论,如吸引域的估计、稳定性分析和控制器设计等问题.

同时,随着现代化大生产的发展和技术的进步,控制系统须以大功率、高负荷的状态连续工作.工作时间的延长和内外部各种环境的变化,使得故障不可避免地发生.故障的影响,轻则降低效率、妨碍生产,重则造成停产、设备毁坏,甚至机毁人亡.国内外曾经发生的各种空难、爆炸、断裂、泄漏等恶性事故往往与故障有关,且都造成人员的巨大伤亡和严重经济损失与社会影响.例如,1998 年 8 月到 1999 年 5 月短短的 10 个月间,美国的 3 种运载火箭“大力神”“雅典娜”“德尔

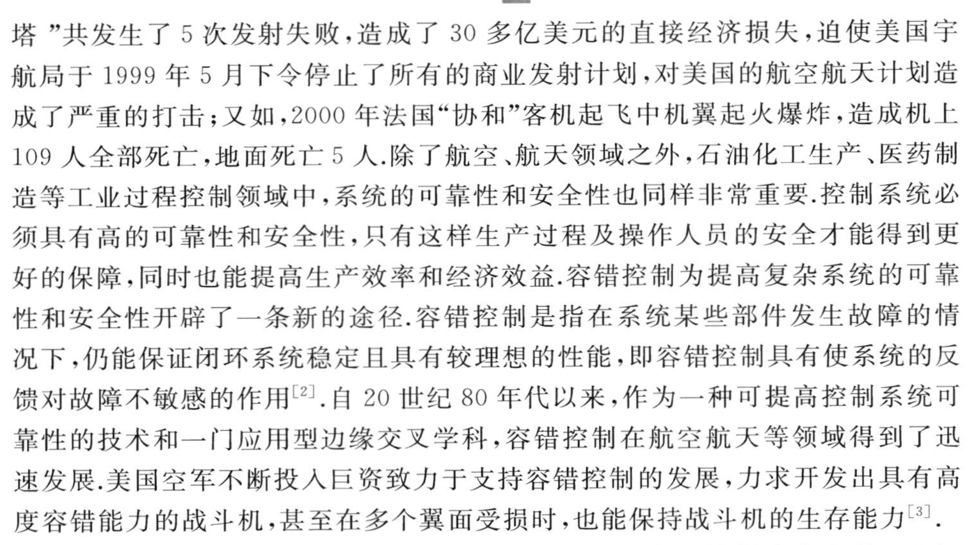

塔”共发生了5次发射失败，造成了30多亿美元的直接经济损失，迫使美国宇航局于1999年5月下令停止了所有的商业发射计划，对美国的航空航天计划造成了严重的打击；又如，2000年法国“协和”客机起飞中机翼起火爆炸，造成机上109人全部死亡，地面死亡5人.除了航空、航天领域之外，石油化工生产、医药制造等工业过程控制领域中，系统的可靠性和安全性也同样非常重要.控制系统必须具有高的可靠性和安全性，只有这样生产过程及操作人员的安全才能得到更好的保障，同时也能提高生产效率和经济效益.容错控制为提高复杂系统的可靠性和安全性开辟了一条新的途径.容错控制是指在系统某些部件发生故障的情况下，仍能保证闭环系统稳定且具有较理想的性能，即容错控制具有使系统的反馈对故障不敏感的作用[2].自20世纪80年代以来，作为一种可提高控制系统可靠性的技术和一门应用型边缘交叉学科，容错控制在航空航天等领域得到了迅速发展.美国空军不断投入巨资致力于支持容错控制的发展，力求开发出具有高度容错能力的战斗机，甚至在多个翼面受损时，也能保持战斗机的生存能力[3].

为此，本书针对带有饱和约束的几类非线性系统容错控制中存在的一些问题做了深入的研究.选题具有重要的理论意义和实际应用价值.

# 1.1 带有饱和约束的控制问题

## 1.1.1 带有饱和约束的控制系统简介

近几十年来，控制理论取得了长足进展，这不仅体现在传统的稳定性、干扰抑制、跟踪等特性得以深入研究，还有许多新的思想（如鲁棒控制、自适应控制、切换控制）被提出，每年发表的论文数以万计.然而，真正能够被实际工程广泛采纳的新内容却为数不算多.究其原因，在于实际系统，即便是看似简单的线性控制系统，也受到许多潜在或人为加入的非线性约束下的影响.

其中一种非常重要的非线性就是饱和特性（saturation），它是最为常见的，其数学模型如图1-1所示.工程实践经验表明，饱和特性或是对象所固有的，如电机的磁饱和，或是为安全而人为加入的，如控制系统中的限幅器.这是因为实际控制系统中控制器、传感器大都工作在一定范围内，其物理结构决定了控制器、传感器的输出量及输出的变化率(速率)不可能任意大，也即其输入及输出的速率都具饱和特性.例如，飞机竖尾翼控制水平转向，显然它的转向角有最大幅值，它的转动速率也不能过快，否则飞机要翻滚引起事故；再如，大型执行阀门不仅有最大开度限制，同时开启速率也不可能任意大，因为驱动电机功率和转速都有上限.除系统严格运行在平衡态附近可以忽略饱和外，一般情况不可随意忽略，否则要引发问题，轻者使系统产生稳定性及性能恶化，重者导致灾难性后果[4-5](如 YF-22 战斗机于 1992 年引起撞机事件和 Chernobyl 第四号核反应堆在 1986 年发生的爆炸等).回避饱和不适当地降低控制器增益，由于未充分利用控制容量将使系统响应变慢和效率降低，即导致系统性能下降.

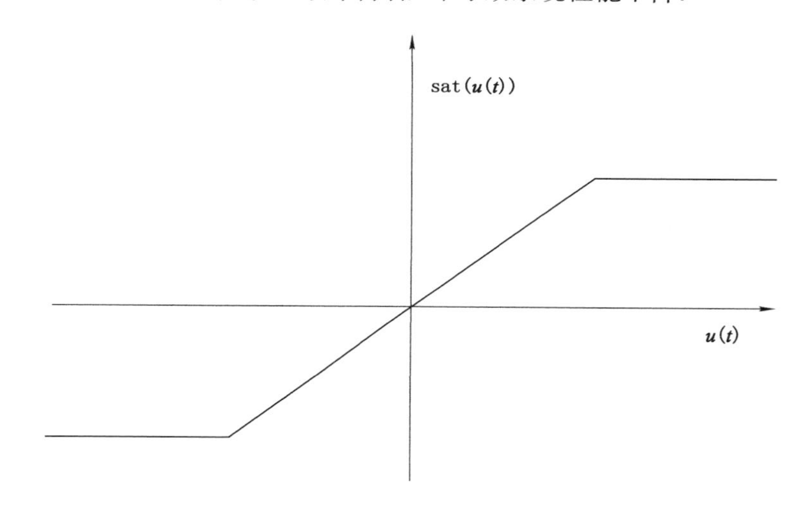


图 1-1　饱和环节的输入输出特性

除工程背景外，带有饱和约束的控制问题在理论上也是富有挑战性的，这是由以下几个主要原因所致：① 对有输出约束下的执行器并入被控对象后将使对象增加非线性，对这类非线性，通常的线性化方法不能用；② 如果控制器的输入输出都有约束条件，即使其核心部分是线性的，整个控制器也是非线性的，关于非线性控制器的设计还有待深入探讨；③ 某些约束下可化为状态或部分状态约束下问题，这给设计状态反馈控制带来新问题；④ 碰到约束下，优化变得复杂，引出新问题.

### 1.1.2 饱和约束下控制系统研究的进展与现状

对于带有饱和约束的控制系统，控制学者早期提出的理论是相平面法、描述函数法，之后是抗饱和卷积法(anti-windup).这些方法成功地用于一些低阶输入约束下且模型准确的系统，但是对于处理高阶系统及模型不确定的系统却是相当困难甚至是几乎不可能的[6].几乎同时发展起来的另一处理方法是绝对稳定理论[7]，它将饱和纳入一类有界扇区中而忽略其特定的结构[8]，由此不可避免地引入很大的保守性.虽然上述理论方法在一定程度上能解决一些问题，但各有局限性.从历史的观点来看，开创线性控制约束下系统研究局面的当属 A.T.Fuller. Fuller 于 1962 年发表的一篇文章[9]，并给出结论：若一个输入饱和系统的积分器长度 $n\geqslant 2$，则不存在使系统全局稳定的饱和线性反馈控制的理论.在 20 世纪 70 到 80 年代，研究热点集中在最优控制领域中运用约束下控制发展广义线性时变系统的全局渐近稳定的理论判据[10-11]，其中最普遍的约束是在控制空间中包含原点的紧凸集.1990 年，Sontag 等[12]发表了一篇文章很大程度上激活了对有界控制线性系统的热情研究，这篇文章指出，广义的有界控制约束下的线性系统一般只有运用非线性控制才能达到全局渐近稳定，并且指出了新的研究方向.文献[13-14]拓宽了系统的类型，给出稳定性方面的较新成果，对一类有界输入渐近零可控的系统(asymptotically null controllable with bounded controls, ANCBC)进行了研究，ANCBC 意指在开右半平面没有特征根的可镇定的线性系统[15]，给出系统可全局镇定与 ANCBC 间的关系.后来文献[16]指出即使 ANCBC 系统也不可能用线性状态反馈使其得以全局镇定，欲达到全局镇定只能使用非线性控制了.因此，文献[17-18]采用嵌套饱和技术来构造非线性控制器；文献[19-22]设计了增益可调控制器.既然线性控制器不能保证 ANCBC 对象的全局镇定，控制学者开始关注可否使其半全局镇定，也即使闭环系统的吸引域足够大以致可以包含任一给定的有界紧集.此后，文献[23-30]重点研究了这一问题，提出了一系列方法通过基于代数黎卡提方程(algebraic Riccati equation, ARE)的高低增益控制器实现半全局镇定.20 世纪 90 年代，文献[31]指出，若可镇定的有界输入对象有着开右半复平面的特征根的话，无论何种反馈控制只能使其在一定区域内达到渐近镇定，也即出发于这一区域任意点的轨线渐近收敛于平衡点，此区域亦称闭环系统的吸引域(对应于所选反馈控制).于是，如何寻找适当的反馈控制以获得尽可能大的吸引域就成了对饱和约束下系统的研究热点.文献[32-33]对于低阶系统可先对可控(达)域进行估计和计算，进而设计控制器使系统的吸引域尽可能逼近可控域.文献[34]对一类 2 阶单输入对象给出线性饱和控制器,以使系统在其可控域上实现半全局稳定.对阶数大于2但有两个反稳根的对象,文献[35]构造了切换线性饱和控制器,使系统在其可控域上半全局镇定.文献[36]将上述可控域的估计和稳定性的分析方法推广到离散系统.对于一般约束下线性系统.文献[37-40]运用线性矩阵不等式(linear matrix inequalities,LMIs)与二次 Lypaunov 函数相关的最大线性不变椭球估计吸引域.文献[41-43]运用提升技术,并构造非线性反馈控制器,很好地协调了收敛率和吸引域这一对矛盾.文献[44]构造了连续反馈同时扩大吸引域并使系统的某些性能指标达到最优.文献[45-47]用复合的二次函数方法去进一步扩大系统的吸引域.对输入饱和线性参数可变对象(linear parameter-varying,LPV),文献[48-49]用增益可调反馈(模糊)控制器扩大吸引域又使系统的最坏性能指标最小.针对具有干扰信号的系统,文献[50-57]研究了可加性干扰与非可加性干扰下干扰-被调输出 L2 增益最小和稳定域扩大问题.针对输出调节问题.文献[58-59]研究执行器饱和系统的基准跟踪问题.文献[60-65]着重输出调节,目的是在干扰信号存在的情况下,实现对目标信号的渐近跟踪.

目前,能够处理带有饱和约束的非线性系统控制问题的方法较少,先总结如下:

(1) 基于极大值原理的方法.针对有界控制幅值动态对象的最优控制问题,20世纪50年代末 Pontrykaii 提出了“极大值原理”控制方法,它对现代控制理论产生了很大影响[5-6],其中的时间最优控制能很好地应用到一些低阶输入约束下系统,但用其处理一般高阶系统非常困难[7].

(2) 基于模型预测控制(model predictive control,MPC)的方法.借助模型预测控制思想去处理约束下控制问题,其特点是可直接将约束下纳入求解控制量的优化问题中来考虑,通过在线求解约束下优化问题来求解控制[66-68].对于无约束下情形的 MPC 法,有了一些关于闭环系统稳定性的研究成果,但对约束下情形似尚未见好的结果出现.约束下给优化带来复杂性,可行性问题直接决定了约束下预测控制系统的稳定性.

(3) 基于不变集的方法.不变集合的概念和方法于70年代被引入控制领域,针对约束下控制问题,“不变集”之概念和方法又被重视并得到了广泛应用[69],详见文献[70-72]等.所谓不变集是系统的这样的一个初始状态集合,由它起始的进展状态始终不越出它的范围.文献[73-74]分别采用线性、非线性控制器估计扩大控制饱和系统的吸引域价,研究了关于不变集的几个等价条件[75-76];Cao 等[77]主要运用线性补偿器和模糊增益可调状态反馈控制器[48-49]来估计扩大控制饱和系统的不变吸引集;Blanchini[78]采用非线性补偿器,Wredenhagen 等[79]采用分段线性补偿方法实现了控制有界系统的稳定控制;Suaerz 和

Kim 等[80-81]还实现了对含控制量约束下的不确定系统的稳定控制.目前有关学者尝试把 MPC 方法和不变集结合在一起,提出一种改进的 MPC 方法,该方法不仅可使控制饱和系统的稳定域尽可能大,还可增强系统的鲁棒性[82].

### 1.1.3 饱和约束下控制系统的难点及发展趋势

一旦加上饱和约束下,线性控制问题就变成了非线性控制使问题变复杂;在非线性控制领域中常用的非线性反馈和非线性状态变换也不能直接用于约束下控制系统;基于线性控制理论的自适应控制同样不能很有效地处理硬约束下问题;运用 Hamilton-Jacobi-Bellman 方程来解决约束下控制问题,但它的计算复杂性使其只适用于阶数较低的约束下控制系统.目前,饱和约束下控制系统的发展趋势可以归纳如下:

(1) 输入幅值和速率饱和约束下的情况.

实际的工业系统中最为常见和重要的当属输入幅值约束下.实际控制系统中控制器大都是通过执行器来驱动被控对象的,执行器输出不可能是任意大的,它要受到各种物理限制,其中最重要的是开启位置(幅度)及开闭速率约束下(饱和).所需研究的问题有:① 输入幅值和速率约束下 ANCBI 系统的稳定性[83-86];② 输入幅值和速率约束下系统在给定一区域内部的稳定性和局部稳定下的干扰抑制能力[87-88];③ 输入幅值和速率约束下系统的输出调节问题[89].对输入幅值和速率约束下系统估计其吸引域,设计线性/非线性反馈来扩大其吸引域都是有待进一步的问题.

(2) 状态和(或)控制变量饱和约束下的情况.

在实际控制系统中,不仅输入约束下,状态一般也要约束下,这要比单纯控制变量带有饱和约束的处理技术相对困难一些.最近几年,有些学者开始把对输入约束下的有关全局稳定、半全局稳定[90-94]和输出调节[94-95]的研究成果推广到状态和(或)控制变量饱和约束下问题中,在这个问题的研究中,全局稳定和半全局稳定与容许集相对应,其中不变零点、无穷零点、右可逆在这一问题的研究中是非常重要的.状态和(或)控制变量饱和约束下系统将是今后一段时期人们关注的重点,对它的研究自然将借助关于输入约束下的已有结果.

(3) 输出饱和约束下的情况.

在实际反馈控制系统中,反馈设备的非线性,包括执行器和传感器的非线性是经常碰到的,但相对于执行器饱和非线性的研究,输出(传感器)饱和非线性的研究还没有引起足够的重视,相关的研究成果非常少.在这些成果中,文献[94]研究了输出饱和系统的可观测性;Kersieslmeier[95]则对 SISO 输出饱和系统构造了一非连续控制器,使 $x=0$ 是系统的全局吸引和全局稳定的平衡点;最近 Lin 等[96]运用输出反馈研究了 SISO 输出饱和系统的半全局镇定问题;Cao 等[97]运用圆判据设计了输出饱和系统的 $H_\infty$ 输出反馈控制器,并把控制器设计方法表达成 LMI 形式.这些研究只是对输出饱和控制系统的初步探索,虽然输出饱和与执行器饱和对闭环系统的影响有相似的一面,但与执行器饱和情况又有本质的区别,比如对执行器饱和系统,控制器增益是变量,因此对给定的初始条件集,设计控制器的增益以避免执行器饱和的发生是可行的,而输出饱和系统的输出矩阵是固定的,所以如果系统的某些初始条件使传感器饱和,设计任何控制增益都不能避免这种反馈.因此输出饱和系统也将是今后约束下控制的热门研究领域.

(4) 非线性约束下控制系统.

目前对饱和控制系统的研究基本上是针对线性确定与不确定的控制系统,且对后者涉及鲁棒稳定性[49],而实际控制系统多是非线性约束下系统,因此中心将向非线性约束下控制系统的研究方向发展.

# 1.2 容错控制问题

## 1.2.1 容错控制系统简介

“容错”(fault-tolerant)原是计算机系统设计技术中的一个概念,是容忍故障的简称.容错控制(fault tolerant control, FTC)的思想最早可以追溯到 1970 年,它是 19 世纪 80 年代发展起来的一种为了提高控制系统可靠性的技术.

1970 年,Niederlinski[98]首先提出完整性控制(integral control)的概念.Siljak[99]于 1980 年发表了关于可靠镇定的文章,该文章是最早专门研究容错控制的结果之一. Etemo 等[100]于 1985 年将容错控制分为主动容错控制(Active FTC)和被动容错控制(Passive FTC), 如今已成为现代容错控制研究方法分类的依据.1986 年,美国国家科学基金会和 IEEE 控制系统学会召开了关于“控制所面临的机遇与挑战”的讨论会,与会的全世界最著名的 52 位控制理论与应用

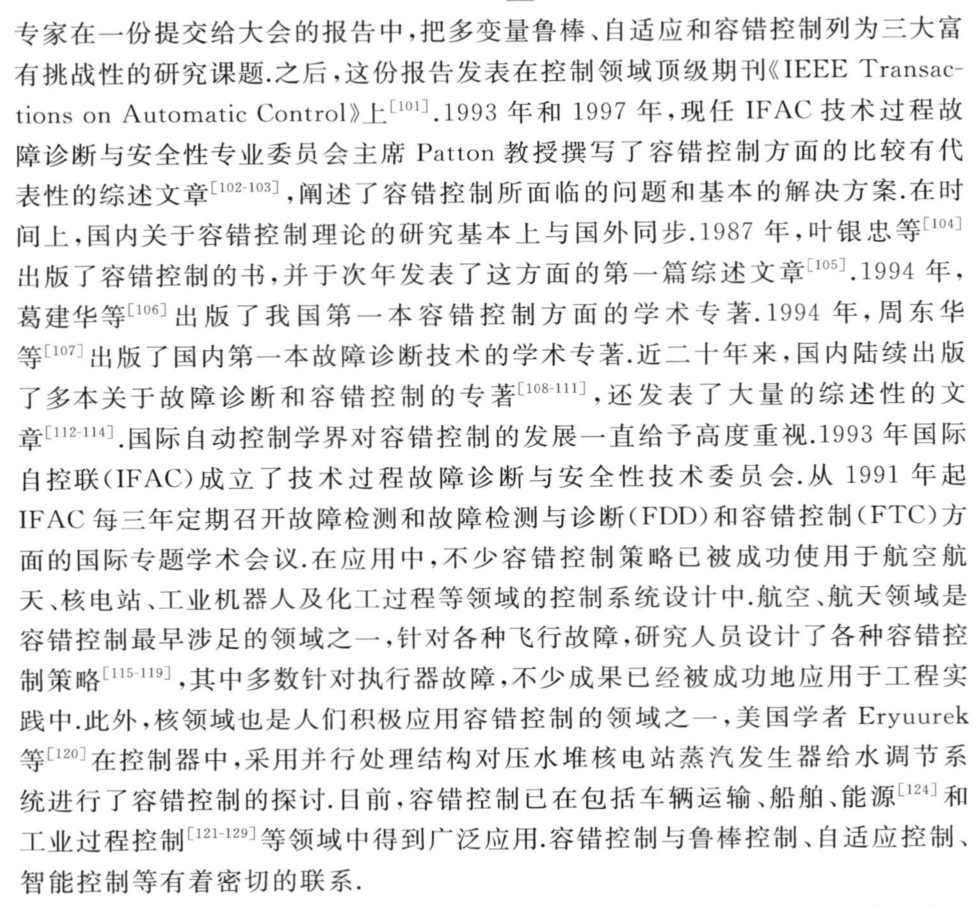

专家在一份提交给大会的报告中，把多变量鲁棒、自适应和容错控制列为三大富有挑战性的研究课题.之后，这份报告发表在控制领域顶级期刊《IEEE Transactions on Automatic Control》上[101].1993 年和 1997 年，现任 IFAC 技术过程故障诊断与安全性专业委员会主席 Patton 教授撰写了容错控制方面的比较有代表性的综述文章[102-103]，阐述了容错控制所面临的问题和基本的解决方案.在时间上，国内关于容错控制理论的研究基本上与国外同步.1987 年，叶银忠等[104]出版了容错控制的书，并于次年发表了这方面的第一篇综述文章[105].1994 年，葛建华等[106]出版了我国第一本容错控制方面的学术专著.1994 年，周东华等[107]出版了国内第一本故障诊断技术的学术专著.近二十年来，国内陆续出版了多本关于故障诊断和容错控制的专著[108-111]，还发表了大量的综述性的文章[112-114].国际自动控制学界对容错控制的发展一直给予高度重视.1993 年国际自控联(IFAC)成立了技术过程故障诊断与安全性技术委员会.从 1991 年起 IFAC 每三年定期召开故障检测和故障检测与诊断(FDD)和容错控制(FTC)方面的国际专题学术会议.在应用中，不少容错控制策略已被成功使用于航空航天、核电站、工业机器人及化工过程等领域的控制系统设计中.航空、航天领域是容错控制最早涉足的领域之一，针对各种飞行故障，研究人员设计了各种容错控制策略[115-119]，其中多数针对执行器故障，不少成果已经被成功地应用于工程实践中.此外，核领域也是人们积极应用容错控制的领域之一，美国学者 Eryuurek 等[120]在控制器中，采用并行处理结构对压水堆核电站蒸汽发生器给水调节系统进行了容错控制的探讨.目前，容错控制已在包括车辆运输、船舶、能源[124]和工业过程控制[121-129]等领域中得到广泛应用.容错控制与鲁棒控制、自适应控制、智能控制等有着密切的联系.

尽管容错控制发展至今只有几十年的历史，但作为一门交叉学科，其理论基础涉及现代控制理论、信号处理、模式识别、人工智能、最优化方法、计算机工程等及相应的应用科学.

### 1.2.2 容错控制系统研究的进展与现状

一般而言，控制系统是一类由被控对象、控制器、传感器、执行器乃至计算机等部件组成的复杂系统，而各个部件又是电子、机械、软件及其他因素的复合体.一个典型的控制系统结构如图 1-2 所示.

控制系统的各个基本组成环节都有可能发生故障.具体来讲，其故障可以分成三类[106]：① 被控对象故障，指对象的某一部分设备不能完成原有的功能；② 仪表故障，包括传感器、执行器和计算机接口的故障；③ 软件故障，指计算机

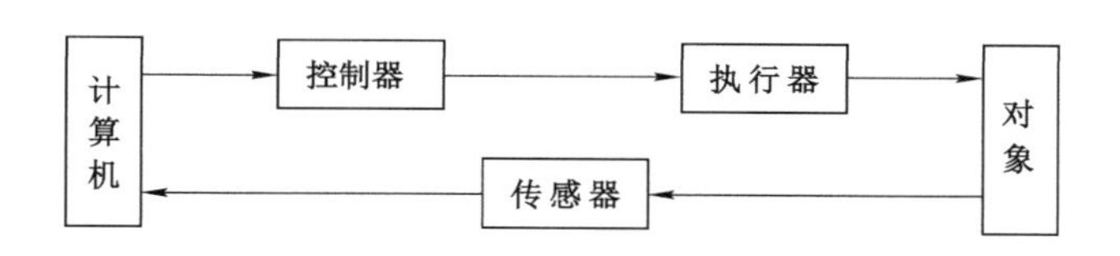


图 1-2 控制系统结构框图

诊断程序和控制程序发生故障.根据文献[100]提出的通用划分方法,目前的容错控制按照设计方法特点可分为被动容错控制(passive FTC)和主动容错控制(active FTC).被动容错控制通过构造具有鲁棒性的控制器,使得闭环系统对故障不敏感的作用.主动容错控制则通过故障调节或信号重构,保证故障发生后闭环系统具有稳定性和一定的性能指标.现有的容错控制方法可以分为被动容错控制方法与主动容错控制方法两大类.

#### 1.2.2.1 被动容错控制方法

被动容错控制就是在不改变控制器结构和参数的条件下,利用鲁棒控制技术使整个闭环系统对某些确定的故障具有不敏感性,以达到故障后系统在原有的性能指标下继续工作的目的.被动容错控制器的参数一般为常数,不需要获知故障信息,也不需要在线调整控制器的结构和参数.由于鲁棒控制技术擅长解决系统中的参数摄动问题,如果将系统中的故障归结为系统中的参数摄动问题,自然就想到了利用鲁棒控制技术进行容错控制系统设计,因此,早期的容错控制设计多采用这种策略.但其有效性要依赖于原始无故障时系统的鲁棒性,因此,这种策略的容错能力是有限的.被动容错控制大致可以分成可靠镇定、完整性控制、可靠控制等几种类型.

(1) 可靠镇定.

可靠镇定是针对控制器故障的容错控制.其研究思想是 Siljak 于 1980 年提出的使用多个补偿器并行镇定同一个被控对象[99].随后一些学者又对该方法进行了深入研究[114,129-130].文献[114]部分解决了上述问题,给出了设计两个动态补偿器的参数化方法,以得到可靠镇定问题的解.文献[129]证明了当采用两个补偿器时,存在可靠镇定解的充要条件是被控对象是强可镇定的,即此对象可以被稳定的控制器所镇定.文献[130]进一步给出了对不是强可镇定的多变量系统采用多个动态补偿器进行可靠镇定问题的求解方法.其实质是设计一个控制器去镇定一个动态系统的多模型.该问题近十几年来已引起了许多学者的注意[131-133].其中文献[131]是最早关于联立镇定问题的研究之一.文献[132-133]

在此问题的研究上取得了重要进展,得到了联立镇定问题有解的充分条件和控制律的构造方法以及实现线性二次型最优控制的充分条件和相应的控制律的构造方法.

(2) 完整性控制.

完整性控制是针对传感器和执行器故障的容错控制.该问题一直是被动容错控制领域的热点研究内容.由于传感器和执行器故障是控制系统最容易发生故障的部件,因此该问题有很高的应用价值.完整性控制一般研究的对象是 MIMO 线性定常系统[134-139].文献[134]明确给出了完整性问题的清晰的数学描述,基于 LQR 理论得到了一种对传感器或执行器失效具有完整性的充分必要条件.文献[135-136]基于 Lyapunov 稳定性理论得到了一种能同时保证系统正常和系统故障情况下稳定的完整性控制器设计方法.文献[137]研究了关于执行器中断故障的完整性问题,推导出了求解静态反馈增益阵的一种极其简单的伪逆方法.

(3) 可靠控制.

可靠控制是用鲁棒控制技术设计容错控制系统,针对执行器和传感器故障的容错控制.可靠控制在系统构造思路上是一种与鲁棒控制技术相类似的控制,它采用固定的控制器来确保闭环系统对特定的故障具有不敏感性.也就是说,无论系统是否出现故障都能保证系统稳定和满意的性能指标.可靠控制不需要在线的故障信息,因此不需要故障检测与诊断子系统.可靠控制在近二十年来一直备受人们的青睐,发展出许多研究方法.如参数空间设计方法[138-142]、矩阵 Riccati 方程方法[143]、自适应设计方法[144]以及最优控制设计方法[145]等.文献[146]基于 Riceati 方程方法,在系统的执行器和传感器发生失效的情况下,研究了可靠观测器的设计及可靠方程控制问题,是最早把性能指标引入容错控制系统设计的文献之一.利用连续故障模型;文献[147]给出了一类线性不确定系统的保性能可靠控制器 Riccati 不等式的设计方法;文献[148]利用连续故障模型的凸集表示给出了考虑最小误差方差的可靠滤波器的设计.

然而,设计被动容错控制系统时,需要事先预知系统可能发生的各种故障情况,控制器的设计过程通常都很复杂,而且设计出来的控制器也难免过于保守.当不可预知的故障情况发生时,系统的性能甚至稳定性都可能无法得到保证.这是被动容错控制的不足之处.恰恰也是主动容错控制设计所能解决的问题.主动容错控制策略的研究因此得到了迅猛的发展,成为当前容错控制方法研究的焦点.

#### 1.2.2.2 主动容错控制方法

主动容错控制这一概念来源于对所发生的故障进行主动处理这一事实，即在故障发生后能够根据需要重新调整控制器的参数，也可能自动改变控制器的结构以达到保证稳定性和可接受的性能要求.大多数主动容错控制方法需要故障检测与诊断(FDD)子系统，只有少部分不需要FDD子系统，但也需要获知各种故障信息[102].主动容错控制大体上可以分为控制律重新调度、控制律重构设计和模型跟随重组控制三大类.

(1) 控制律重新调度(redistribution).

这是一类最简单的，也是最近几年才发展起来的主动容错控制方法.其基本思想是离线计算出各种故障下所需的控制律，并储存在计算机中.然后，根据在线FDD提供最新的故障信息进行控制器的选择和切换，组成一个新的闭环控制系统，从而起到对故障容错的作用[149-153].显然，这种主动容错控制策略对故障检测与诊断机构的实时性要求比较高，也需要对被控系统的认知程度比较深.采用实时专家系统进行控制器的切换将会产生很好的效果.应该说这是一种非常实用而又快速的容错控制策略，有着较好的应用前景.这类控制方法特别适合于具有多个冗余机翼的战斗机F16的容错控制[149].

(2) 控制律重构设计(reconfiguration).

控制律重构是近年来越来越受到学者关注的主动容错控制方法，现有的成果也比较多.最常见的控制律重构的设计方法多使用基于FDD诊断结果的特征结构配置方法[154-159].文献[154-156]利用特征结构配置方法重构了容错控制器，并且为了保证故障后系统的稳定性，文献[160]采用"控制混合器的概念"，设计了一个具有自修复功能的飞行控制系统，通过极大化一个频域的性能指标，来重建控制律.文献[161]给出了一种飞机的模型参考容错控制方法，针对飞机的元部件故障，并用检测滤波器理论设计了相应的故障检测器和故障参数估计器，保证在发生内部故障时，飞机稳定运行.文献[162]提出了一种基于实时专家系统的容错监督控制方法，采用基于影像图的实时专家系统监督系统的运行.当检测到系统已处于不稳定边沿时，将控制律实时切换到一种简单的PI控制器，仍使系统保持稳定.文献[163]研究了关于执行器中断故障的完整性问题，提出了求解静态反馈增益阵的一种简单的伪逆方法，这种方法以其简洁、实时性好的优点得到了推广应用.现有的控制律重构设计方法中，大多数考虑的执行器故障情况要么失效、要么正常.但某些故障情况不再是简单地发生了故障或没有发生故障的二值问题，故障后系统的剩余执行驱动力重组问题应该被加以考虑.

(3) 模型跟随重组控制(model-following).

其基本原理是采用模型参考自适应的思想使得被控过程的输出始终跟踪参考模型的输出,不需要故障检测与分离(FDI)子系统,当发生故障时,实际被控过程随之发生变化,控制律就会相应地调整,保证了被控对象跟踪参考模型输出.需要指出的是无论是否因故障造成系统变化,适应和调整的过程必须及时,以满足系统稳定的最低要求.可以考虑对故障动态剧烈变化在线快速学习和调节、模型降阶、减少可调整参数的个数等办法提高自适应容错控制的能力.容易看出,这类容错控制是采用隐含的方法来处理故障的.文献[164-174]以实验和仿真的方式验证了方法的可行性和有效性.文献[175-180]从不同的角度,遵循不同的思路进行了自适应容错控制系统的设计.文献[181]进一步提出了一种基于模糊学习系统的专家监督控制方法,用于F16战斗机的容错控制.其基本控制器是由参考模型、模糊控制器及模糊学习模块构成的参考学习控制器.在此基础上,通过与一个故障诊断模块相结合,可以在线选择合适的参考模型和模糊控制器的输出增益,进一步提高了容错控制能力.因此,该方法也可以看成是模型跟随重组控制与控制律重构设计的一种有机结合.

### 1.2.3　容错控制系统的难点和发展趋势

容错控制作为一门新兴的交叉学科,其研究意义就是要尽量保证动态系统在发生故障时仍然可以稳定运行,并具有可以接受的性能指标.因此,容错控制也可以看成是保证系统安全运行的最后一道防线.现就当前容错控制中的几个难点和其发展趋势做简要总结.

(1) 快速、高效故障检测方法的研究.

故障诊断过程会产生一定的时延,这段时延越短,越有利于控制律的重构设计.这段时延过长有可能会对故障系统的动态性能甚至稳定性产生严重的影响,因此必须研究快速、高效的故障检测方法.在很多容错控制系统设计中,不仅需要故障检测方法能够对系统中发生的故障进行检测和定位,而且还需要获知故障程度的信息,以便用于控制重构.

(2) 鲁棒故障检测与鲁棒控制的集成设计问题.

鲁棒故障检测的目标是,在一定的模型不确定性下,检测出尽可能小的故障;鲁棒控制的目标是使得控制器对模型不确定性与微小的故障不敏感.因此,这两者存在着矛盾,而它们都是鲁棒容错控制的基本问题.所以说,把鲁棒故障检测与鲁棒控制进行统一设计,把上面的两种目标进行折中,已成为热点研究课题.

(3) 控制律的在线重组与重构方法.

作为主动容错控制的一种最重要的方法,控制器的在线重组与重构已成为当前容错控制领域的热点研究方向之一.只有在被控对象发生变动时,实时调整控制器的结构与参数,才有可能达到最优的控制效果.容错控制的应用已经从航天、航空等高精尖领域逐步扩展到工业过程控制等日常应用领域,某些故障情况不再是简单的发生了故障或没有发生故障的二值问题,故障后系统的剩余驱动力重组问题也应该加以考虑.

(4) 主动容错控制中的鲁棒性分析与综合方法.

在主动容错控制中,需要同时做到:基础控制器具有鲁棒性;故障检测与诊断算法具有鲁棒性;重组或重建的控制律具有鲁棒性.这三个方面的相互作用使得对主动容错控制的整体鲁棒性分析变得非常困难.

(5) 非线性系统的最优容错控制.

这里的主要难点是:对非线性系统缺乏一般性的最优控制器综合方法,因此非线性系统的保持最优性能的容错控制问题还没有得到完全解决.

## 1.3　本书的主要工作

带有饱和约束的系统控制问题越来越受到人们的关注.其主要体现在两个方面:一方面是控制系统的执行器饱和,表现在执行器工作过程中的输出有界性;另一方面是控制系统的传感器饱和,表现在传感器的输出量往往具有一定的量程.针对以上两个方面,当执行器、传感器饱和现象被当作系统分析与设计的关键因素时,闭环系统的稳定性将不再具有全局性,即闭环系统的稳定性仅在局部范围内有意义.在已有的结果当中,主要以执行器或者传感器饱和约束下系统的分析与设计问题为主.然而在飞行器控制及航空航天等复杂系统领域之中,系统的容错能力也极为重要.但是,到目前为止,只有少数学者从设计角度同时考虑执行器饱和及执行器故障问题.在已有的大部分控制器设计方法中,这一现象是不被考虑的,这将削弱系统的全局稳定性.总的来说,此方面控制器设计的研究较为滞后.

本书在总结前人工作的基础上,对上述问题进行了研究.

## 1.4 本书的主要研究内容

本书主要针对带有饱和约束的非线性系统，研究了容错控制器设计的相关技术问题，主要内容如下：

第 2 章考虑执行器带有饱和约束的一类严格反馈非线性系统可靠控制问题，提出了一种基于吸引域估计的自适应控制方法.首先，在两个非线性假设条件下，针对 Brunovsky 标准型系统，给出一种吸引域的刻画方法，证明了在此吸引域内控制力度的大小将不会超出饱和边界.然后，在此基础上，采用 Backstepping 法构造状态反馈控制，并基于 LaSalle-Yoshizawa 定理，证明了闭环系统的稳定性.

第 3 章考虑执行器迟滞带有饱和约束的一类严格反馈非线性系统自适应可靠控制问题.本章采用的执行器迟滞饱和模型是一类比率独立的 Duhem 模型，它反映的是存在于执行器磁性材料中的迟滞饱和特性.本书采用自适应 Backstepping 控制方法，将执行器迟滞饱和特性融入控制器的设计过程中，并有效地消除了迟滞饱和作用对系统的影响，避免了构造复杂迟滞逆模型需要精确的迟滞模型表达式的限制. 所设计的自适应控制器能够保证系统的输出快速跟踪给定信号，跟踪误差在一个很小的范围内波动，保证闭环系统的所有信号有界，理想地达到了预期控制目标，运用 Lyapunov 稳定性理论证明了闭环系统的稳定性.本章结尾通过仿真算例来说明新方法的有效性.

第 4 章研究执行器带有饱和约束的一类多项式连续系统被动保成本容错控制问题.针对执行器失效故障，本章建立了执行器失效故障的多胞型描述模型.考虑一类用多项式描述的非线性连续系统，其系统矩阵的元素为系统状态的多项式函数.为了把饱和约束下容错控制器设计问题转化为可解的半定规划问题，引入了一个指数来刻画一部分非线性项的影响.它与保性能指标和 L2 优化指标结合，把原始的容错控制设计问题转化为多目标指数优化问题.应用平方和优化方法可以可靠而有效地解决这类多项式优化问题.给出的方法与已有的非线性系统的容错控制方法的一个主要的不同之处，在于所给出的受带有饱和约束的容错控制器是通过 Lyapunov 函数的算法求解而建立的.与现有方法相比，本书给出的解决方案是一类平方和优化算法，由于其形式上是凸的，因而不需要多次迭代来进行求解，具有更高的可靠性.并且通过数值仿真进一步表明所提出优化方法的有效性.

第 5 章研究执行器带有饱和约束的一类多项式离散系统被动鲁棒容错控制问题.针对一类执行器饱和约束下多项式非线性离散系统，本章给出控制设计方法，能够保证在发生执行器饱和和执行器故障的情况下仍然能够保证 $H_\infty$ 性能.本书的创新之处在于以下两个方面：通过优化问题中的非线性项被描述为一种指标，执行器饱和约束下容错控制器设计问题被转化成一个半定规划问题；通过与鲁棒优化指标相结合，容错控制问题被转化为一个多目标的优化问题，然后采用平方和优化方法来求解，给出了被动鲁棒容错控制的有效数值求解方案.仿真结果验证了方法的有效性.

第 6 章传感器饱和约束下 Itô 型随机时延系统的同时故障检测与控制.针对传感器饱和约束下 Itô 型随机时延系统的同时故障检测与控制问题，本章设计了一个全阶的动态输出反馈控制器，取得我们所期望的控制目标和检测目标.本章的主要贡献如下：对于随机时延系统带有多目标的控制器设计问题，可以利用多 Lyapunov 函数方法来进行处理；动态输出反馈控制器的设计条件可以利用线性矩阵不等式来描述；在本章所提出的故障检测和控制的框架内，得到了更好的控制与检测性能.仿真结果验证了方法的有效性.

第 7 章总结了本书的主要工作，并展望了下一步的研究工作.

# 第2章 执行器带有饱和约束的一类严格反馈非线性系统可靠控制

## 2.1 引言

由于执行器饱和将使系统的动态性能降低，导致闭环系统不稳定和计算的不准确，甚至出现振荡、发散、滞后等现象，严重影响实际系统的运行.因此对于执行器饱和的研究受到广大学者的关注，由于实际困难，对于饱和的处理和设计方法的研究成果还不是很多.

对于线性系统的输入饱和来说，已经提出了一些自适应控制律的方案，例如，文献[182-183]提出了抗饱和卷积的方法，文献[184-185]提出了一种低增益控制方案，文献[186]介绍了线性反馈调节方法，文献[187]提出了预测控制方法.文献[188-189]提出了模型参考自适应控制方法.文献[190-192]对离散线性系统采用了一种直接的控制方法，其中，文献[190-191]提出了输入约束下离散自适应系统极点配置的稳定问题,所有的极点和零点都严格控制在一个单位圆内,文献[192]对带有饱和约束的线性系统提出了一种离散自适应控制的方法.文献[193]对输入饱和的系统提出了一种指数稳定自适应控制方案.文献[194]解决了非最小相位系统的控制问题,不确定参数必须在一个已知的集合里.Backstepping设计方法是一种基于李亚普诺夫的递归设计过程,通过这种方法,可以建立和完善系统的暂态性能,同时设计参数也是可以调整的.文献[195]概述了很多研究成果.文献[196]解决了线性系统鲁棒性的问题.Astrom等[197]研究了一种执行器饱和补偿器的设计方法.Chen等[198]设计了CNF控制器.Walgama等[199]设计了一种基于观测器的抗饱和补偿器.Hanus等[200]提出了一种基于条件技术的控制器方案.Wbrkma[201]利用最优控制设计了跟踪系统的时间最优控制器以降低饱和对跟踪性能的影响.Walgama等[202]设计了基于观测器的抗饱和补偿器.Niu[203]基于李亚普诺夫方法设计了一种鲁棒抗饱和控制器,这种控制器有效地适应了约束下和干扰.Chan等[204]对于具有积分链形式的系统讨论了饱和稳定性问题.然而,运用Backstepping方法设计饱和控制器,仍然无法解决系统的非线性控制吸引域构造问题,尤其是在系统参数未知的情况下.

本章针对一类具有Brunovsky标准型以及输入饱和的不确定非线性系统提出了一种基于吸引域估计的自适应控制方法.首先,在两种不同的非线性假设条件下,针对较为简单的二阶Brunovsky标准型系统,给出了一种吸引域的刻画方法,证明了在此吸引域内控制力度的大小将不会超出饱和边界.然后,在此基础上,采用Backstepping法构造状态反馈控制,并基于LaSalle-Yoshizawa定理,证明了闭环系统的稳定性.进而,针对$n$阶Brunovsky标准型系统,在两种不同的非线性假定下给出了具有一般性的吸引域的刻画方法.仿真结果验证了所提出方法的有效性.

# 2.2 执行器带有饱和约束的一类2阶严格反馈系统可靠控制

## 2.2.1 系统模型及问题描述

考虑下面的系统

$$\begin{cases}\dot{x}_1 = x_2 \\ \dot{x}_2 = a\varphi(x_1, x_2) + \mathrm{sat}(v)\end{cases} \tag{2.1}$$

其中 $x_1, x_2$ 表示状态，$\varphi$ 是一个已知的连续线性或者非线性函数，$a$ 是一个已知常数，$v$ 是控制输入.

这里的饱和效应采用如下模型 sat(・)饱和函数加以描述：

$$\mathrm{sat}(v) = \begin{cases}1 & v \geqslant 1 \\ v & -1 < v < 1 \\ -1 & v \leqslant -1\end{cases} \tag{2.2}$$

**假设 2.1** 常数 $a > 0$.

**假设 2.2** 函数 $\varphi$ 满足 $\varphi(0,0)=0$，并且存在两个常数 $m > -\frac{1}{a}$，$M < \frac{1}{a}$，使得对于任意的 $x_1, x_2$，都有 $m \leqslant \varphi(x_1, x_2) \leqslant M$.

**假设 2.3** 函数 $\varphi$ 满足 $\varphi(0,0)=0$，并且存在一个常数 $K > 0$，使得对于任意的 $x_1, x_2$，都有 $\int_0^{+\infty} |\varphi| \mathrm{d}t \leqslant K$.

针对上述的系统模型(2.1)和饱和函数(2.2)，若 $x(0) = x_0 \in R^2$，$\psi(t, x_0)$ 表示系统的状态轨迹函数，我们的控制目的是：

(1) 设计一个控制量 $v$，在此控制量作用下，使得 $\lim\limits_{t \to \infty} \psi(t, x_0) = 0$；

(2) 找到一个区域 $D$，使得在区域 $D$ 内，上述控制量 $v$ 满足 $-1 \leqslant v \leqslant 1$.

在下面的 2.2.2 节和 2.2.3 节中，我们首先针对不同假设下的 2 阶系统，分别给出两种基于 Backstepping 方法的控制器设计方法.然后，将结果推广至一般

的 $N$ 阶非线性系统中.

### 2.2.2 函数 $\varphi$ 有界条件下基于 Backstepping 方法的控制器设计方法

基于假设 2.1 和假设 2.2,应用 Backstepping 技术,首先进行坐标变换:令

$$z_1 = x_1 \tag{2.3}$$

$$z_2 = x_2 - \alpha \tag{2.4}$$

其中 $\alpha$ 为虚拟控制输入,它的具体形式由下面的公式给出.

第 1 步:由式(2.1),(2.3),(2.4),可以得到

$$\dot{z}_1 = z_2 + \alpha \tag{2.5}$$

这样,我们可以设计控制量满足

$$\alpha = -c_1 z_1 \tag{2.6}$$

其中 $c_1$ 为正的参数.

第 2 步:由式(2.5),(2.6),可以得到

$$z_1 \dot{z}_1 = -c_1 z_1^2 + z_1 z_2 \tag{2.7}$$

令

$$v = -c_2 z_2 - z_1 + \dot{\alpha} - a\varphi \tag{2.8}$$

其中 $c_2$ 为正的参数.

在推导主要结果之前,下面的定理给出了保证控制器输入量发生饱和的系统状态范围.

**定理 2.1** 给出集合 $D=\{(x_1,x_2)\,|\,x_1^2+x_2^2\leqslant r^2\}$,其中 $r=\min\left\{\dfrac{1-aM}{K},\dfrac{1+am}{K}\right\}$,$K=\sqrt{(1+c_1c_2)^2+(c_1+c_2)^2}$,若$(x_1,x_2)\in D$,则$-1\leqslant v\leqslant 1$.

**证明** 利用式(2.3)~(2.8),可以得到如下关系式

$$\begin{aligned} v &= -c_2 z_2 - z_1 + \dot{\alpha} - a\varphi \\ &= -c_2(x_2 + c_1 z_1) - z_1 + \dot{\alpha} - a\varphi \\ &= -c_2 x_2 - c_1 c_2 x_1 - x_1 - c_1 x_2 - a\varphi \\ &= -(c_1 c_2 + 1)x_1 - (c_1 + c_2)x_2 - a\varphi \end{aligned} \tag{2.9}$$

由假设 2.1,得到

$$\begin{aligned} v &= -(c_1 c_2 + 1)x_1 - (c_1 + c_2)x_2 - a\varphi \\ &\leqslant -(c_1 c_2 + 1)x_1 - (c_1 + c_2)x_2 - am \end{aligned} \tag{2.10}$$

同理

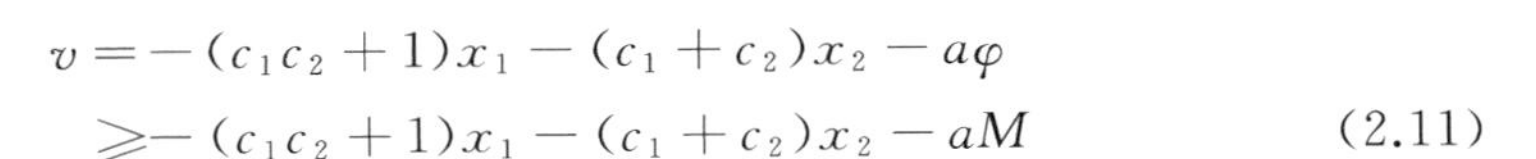

$$\begin{aligned} v &= -(c_1c_2+1)x_1-(c_1+c_2)x_2-a\varphi \\ &\geqslant -(c_1c_2+1)x_1-(c_1+c_2)x_2-aM \end{aligned} \tag{2.11}$$

令

$$-(c_1c_2+1)x_1-(c_1+c_2)x_2-am \leqslant 1 \tag{2.12}$$

$$-(c_1c_2+1)x_1-(c_1+c_2)x_2-aM \geqslant -1 \tag{2.13}$$

联立式(2.12)和(2.13),得到一个区域 $T$,且满足 $D \subseteq T$.由 $v$ 的表达式,结合式(2.12),(2.13)可知,若$(x_1,x_2)\in T$,则$|v|\leqslant 1$.

证毕.

**定理 2.2** 考虑非线性系统$\begin{cases}\dot{x}_1=x_2\\ \dot{x}_2=a\varphi(x_1,x_2)+\mathrm{sat}(v)\end{cases}$,满足假设 2.1 和假设 2.2,则应用控制律 $v=-c_2z_2-z_1+\dot{\alpha}-a\varphi$,可知 $D$ 包含于系统吸引域中,同时闭环系统稳定.

**证明** 构造如下的 Lyapunov 函数

$$V=\frac{1}{2}z_1^2+\frac{1}{2}z_2^2 \tag{2.14}$$

若$(x_1,x_2)\in D$,由定理 2.1 可知$|v|\leqslant 1$,则 $\mathrm{sat}(v)=v$.

利用式(2.1),(2.7),(2.8),并对 $V$ 求导数,有如下关系成立

$$\begin{aligned} \dot{V} &= z_1\dot{z}_1+z_2\dot{z}_2 \\ &= -c_1z_1^2+z_1z_2+z_2(\dot{x}_2-\dot{\alpha}) \\ &= -c_1z_1^2+z_1z_2+z_2(a\varphi+(-c_2z_2-z_1+\dot{\alpha}-a\varphi)-\dot{\alpha}) \\ &= -c_1z_1^2-c_2z_2^2 \end{aligned} \tag{2.15}$$

应用 LaSalle-Yoshizawa 定理,得到

$$\lim_{t\to\infty}z_1(t)=0,\lim_{t\to\infty}z_2(t)=0$$

这样,由式(2.3)可知,$\lim\limits_{t\to\infty}x_1(t)=0$.由式(2.6)可知,$\lim\limits_{t\to\infty}\alpha=0$.由式(2.4)可知,$\lim\limits_{t\to\infty}x_2(t)=0$.

证毕.

### 2.2.3 函数 $\varphi$ 积分有界条件下基于 Backstepping 方法的控制器设计方法

由假设 2.3 可知,函数 $\varphi$ 一定是有界的,即存在一个正数 $M$,使得对于任意的 $x_1,x_2$ 都有$|\varphi|\leqslant M$.

应用 Backstepping 技术，首先进行坐标变换：

令

$$z_1 = x_1 \tag{2.16}$$

$$z_2 = x_2 - \alpha \tag{2.17}$$

其中 $\alpha$ 为虚拟控制，它的具体形式在下面给出.

由式(2.1)，(2.16)，(2.17)可以得到

$$\dot{z}_1 = z_2 + \alpha \tag{2.18}$$

我们引入如下控制量

$$\alpha = -c_1 z_1 \tag{2.19}$$

其中 $c_1$ 为正的参数，且令 $0 < c_1 \leqslant 1$.

由式(2.18)，(2.19)可以得到如下关系

$$z_1 \dot{z}_1 = -c_1 z_1^2 + z_1 z_2 \tag{2.20}$$

令

$$v = -c_2 z_2 - z_1 + \dot{\alpha} - \hat{a}\varphi \tag{2.21}$$

$$\dot{\hat{a}} = \lambda \varphi z_2 \tag{2.22}$$

其中 $c_2$ 为正的设计参数，$\lambda$ 为正的设计参数，且 $0 < \lambda < \dfrac{1}{2KM}$，$\hat{a}$ 是 $a$ 的估计.

引入记号 $\tilde{a} = a - \hat{a}$，下面的定理给出了保证控制器输入量发生饱和的系统状态范围.

**定理 2.3**　给出集合 $D = \{(x_1, x_2) \mid x_1^2 + x_2^2 \leqslant r^2\}$，其中 $r = \dfrac{1-2\lambda KM}{\sqrt{(1+c_1c_2)^2 + (c_1+c_2)^2}}$，若 $(x_1, x_2) \in D$，则 $-1 \leqslant v \leqslant 1$.

**证明**　因为 $\lambda, K, M, c_1, c_2$ 均为正常数，所以 $r < 1$.这意味着 $x_1^2 + x_2^2 < 1$，同时考虑到 $0 < c_1 \leqslant 1$，则 $|c_1 x_1 + x_2 < 2|$.

进一步，利用 $\dot{\hat{a}} = \lambda \varphi z_2$，可以得到

$$|\hat{a}| \leqslant \int_0^{+\infty} \lambda |\varphi| \, |x_2 + c_1 x_1| \, \mathrm{d}t \leqslant 2\lambda \int_0^{+\infty} |\varphi| \, \mathrm{d}t \leqslant 2\lambda K$$

所以我们有

$$|\hat{a}\varphi| \leqslant 2\lambda KM$$

利用式(2.3)～(2.8)，可以得到

$$\begin{aligned} v &= -c_2 z_2 - z_1 + \dot{\alpha} - \hat{a}\varphi \\ &= -c_2 (x_2 + c_1 z_1) - z_1 + \dot{\alpha} - \hat{a}\varphi \end{aligned}$$

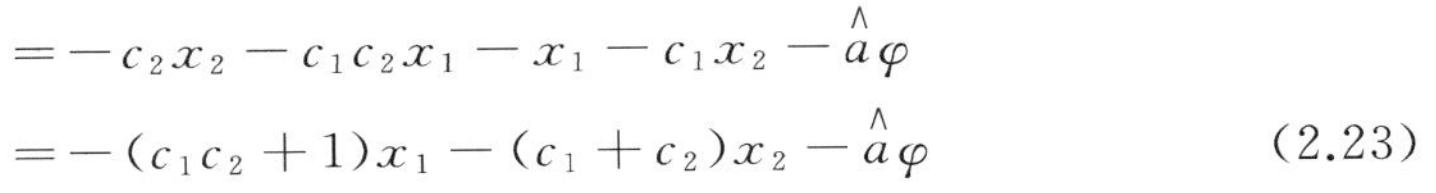

$$
\begin{aligned}
&= -c_2x_2 - c_1c_2x_1 - x_1 - c_1x_2 - \hat{a}\varphi \\
&= -(c_1c_2+1)x_1 - (c_1+c_2)x_2 - \hat{a}\varphi
\end{aligned} \tag{2.23}
$$

由假设 2.3,得到如下关系

$$
\begin{aligned}
v &= -(c_1c_2+1)x_1 - (c_1+c_2)x_2 - \hat{a}\varphi \\
&\leqslant -(c_1c_2+1)x_1 - (c_1+c_2)x_2 + 2\lambda KM
\end{aligned} \tag{2.24}
$$

同理

$$
\begin{aligned}
v &= -(c_1c_2+1)x_1 - (c_1+c_2)x_2 - \hat{a}\varphi \\
&\geqslant -(c_1c_2+1)x_1 - (c_1+c_2)x_2 - 2\lambda KM
\end{aligned} \tag{2.25}
$$

令

$$
-(c_1c_2+1)x_1 - (c_1+c_2)x_2 + 2\lambda KM \leqslant 1 \tag{2.26}
$$

$$
-(c_1c_2+1)x_1 - (c_1+c_2)x_2 - 2\lambda KM \geqslant -1 \tag{2.27}
$$

联立式(2.26)和(2.27),得到一个区域 $T$,且 $D\subseteq T$.由 $v$ 的表达式,结合式(2.26),(2.27)可知,若$(x_1,x_2)\in T$,则$|v|\leqslant 1$.

证毕.

**定理 2.4** 考虑非线性系统$\begin{cases}\dot{x}_1 = x_2 \\ \dot{x}_2 = a\varphi(x_1,x_2)+\text{sat}(v)\end{cases}$,满足假设 2.1 和假设 2.3,则应用控制律 $v=-c_2z_2-z_1+\dot{\alpha}-\hat{a}\varphi$,可知 $D$ 包含于系统吸引域中,且闭环系统稳定.

**证明** 构造 Lyapunov 函数

$$
V = \frac{1}{2}z_1^2 + \frac{1}{2}z_2^2 + \frac{1}{2\lambda}\tilde{a}^2 \tag{2.28}
$$

若$(x_1,x_2)\in D$,由定理 2.1 可知$|v|\leqslant 1$,则 $\text{sat}(v)=v$.

对 $V$ 求导数,我们有

$$
\begin{aligned}
\dot{V} &= z_1\dot{z}_1 + z_2\dot{z}_2 + \frac{1}{\lambda}\tilde{a}\dot{\tilde{a}} \\
&= -c_1z_1^2 + z_1z_2 + z_2(\dot{x}_2 - \dot{\alpha}) + \frac{1}{\lambda}\tilde{a}\dot{\tilde{a}} \\
&= -c_1z_1^2 + z_1z_2 + z_2(a\varphi + (-c_2z_2 - z_1 + \dot{\alpha} - \hat{a}\varphi) - \dot{\alpha}) + \frac{1}{\lambda}\tilde{a}\dot{\tilde{a}} \\
&= -c_1z_1^2 - c_2z_2^2 + \tilde{a}(\varphi z_2 + \frac{1}{\lambda}\dot{\tilde{a}}) \\
&= -c_1z_1^2 - c_2z_2^2
\end{aligned} \tag{2.29}
$$

应用 LaSalle-Yoshizawa 定理,可以得到

$$\lim_{t\to\infty} z_1(t)=0,\lim_{t\to\infty} z_2(t)=0.$$

由式(2.26)可知，$\lim\limits_{t\to\infty} x_1(t)=0$.由式(2.29)可知，$\lim\limits_{t\to\infty} \alpha=0$.进一步，由式(2.27)可知，$\lim\limits_{t\to\infty} x_2(t)=0$.

证毕.

# 2.3　执行器带有饱和约束的一类 *N* 阶严格反馈系统可靠控制

## 2.3.1　系统模型及问题描述

考虑下面的系统

$$\begin{aligned}\dot{x}_1&=x_2\\ \dot{x}_2&=x_3\\ &\vdots\\ \dot{x}_{n-1}&=x_n\\ \dot{x}_n&=a\varphi(x_1,x_2,\cdots,x_n)+\mathrm{sat}(v)\end{aligned}\tag{2.30}$$

其中 $x_i,i=1,2,\cdots,n$ 表示状态，$\varphi$ 是一个已知的连续线性或者非线性函数，$a$ 是一个已知常数，$v$ 是控制输入，sat( · )为前面所给出的饱和函数.

**假设 2.1'**　常数 $a>0$.

**假设 2.2'**　函数 $\varphi$ 满足 $\varphi(0,0,\cdots,0)=0$，并且存在两个常数 $m>-\dfrac{1}{a}$，$M<\dfrac{1}{a}$，使得对于任意的 $x_1,x_2,\cdots,x_n$，都有 $m\leqslant\varphi(x_1,x_2,\cdots,x_n)\leqslant M$.

**假设 2.3'**　存在一个常数 $\beta_2$，使得 $0<\beta_1\leqslant\beta$.

**假设 2.4'**　函数 $\varphi$ 满足 $\varphi(0,0,\cdots,0)=0$，并且存在两个常数 $K,\beta_2$，使得对于任意的 $x_1,x_2,\cdots,x_n$，都有 $|\varphi|\leqslant K$ 且 $|a\varphi|\leqslant\beta_2<\beta_1$.

针对带有饱和模型(2.2)的系统(2.30)，若 $x(0)=x_0\in R^n$，$\psi(t,x_0)$表示系

统的状态轨迹函数，我们的控制目的是：

(1) 设计一个控制量 $v$，在此控制量作用下，使得$\lim\limits_{t\to\infty}\psi(t,x_0)=0$；

(2) 找到一个区域 $D$，使得在区域 $D$ 内，上述控制量 $v$ 满足$-1\leqslant v\leqslant 1$.

## 2.3.2 函数 $\varphi$ 有界条件下基于 Backstepping 方法的控制器设计方法

基于假设 2.1'和假设 2.2'，应用 Backstepping 技术，首先进行坐标变换：

令

$$z_1=x_1 \tag{2.31}$$

$$z_i=x_i-\alpha_{i-1}\qquad i=2,3,\cdots,n \tag{2.32}$$

其中 $\alpha_{i-1}$ 为虚拟控制输入，它的具体形式在下面给出.

由式(2.30)，(2.31)，(2.32)可以得到

$$\dot{z}_1=z_2+\alpha_1 \tag{2.33}$$

为此，我们设计控制量

$$\alpha_1=-c_1z_1 \tag{2.34}$$

其中 $c_1$ 为正的参数.

由式(2.5)，(2.6)可以得到

$$z_1\dot{z}_1=-c_1z_1^2+z_1z_2 \tag{2.35}$$

令

$$\alpha_i=-c_iz_i-z_{i-1}+\dot{\alpha}_{i-1} \tag{2.36}$$

其中 $c_i,i=2,3,\cdots,n$ 为正的参数.

利用式(2.4)和(2.8)，可以得到

$$z_i\dot{z}_i=-z_{i-1}z_i-c_iz_i^2+z_iz_{i+1}$$

利用式(2.1)，(2.4)，可以得到

$$\dot{z}_n=\mathrm{sat}(v)+a\varphi-\dot{\alpha}_{n-1} \tag{2.37}$$

令控制输入为

$$v=-c_nz_n-z_{n-1}+\dot{\alpha}_{n-1}-a\varphi \tag{2.38}$$

其中 $c_n$ 为正的参数.

由上面的讨论可知，$-c_nz_n-z_{n-1}+\dot{\alpha}_{n-1}$可以表示成 $x_i,i=1,2,\cdots,n$ 的线性组合.

这里引入表达式$-c_nz_n-z_{n-1}+\dot{\alpha}_{n-1}=\sum\limits_{i=1}^{n}p_ix_i$.

在推导主要结果之前，下面的定理给出了保证控制器输入量发生饱和的系

统状态范围.

**定理 2.5**　给出集合 $D=\{(x_1,x_2,\cdots,x_n)\mid x_1^2+x_2^2+\cdots+x_n^2\leqslant r^2\}$，其中 $r=\dfrac{\min\{am+1,1-aM\}}{\sqrt{\sum_{i=1}^{n}p_i^2}}$，若 $(x_1,x_2,\cdots,x_n)\in D$，则 $-1\leqslant v\leqslant 1$.

**证明**

$$\begin{aligned} v&=-c_nz_n-z_{n-1}+\dot{\alpha}_{n-1}-a\varphi \\ &=\sum_{i=1}^{n}p_ix_i-a\varphi \end{aligned} \tag{2.39}$$

由假设 2.1’和假设 2.2’，可以得到

$$\begin{aligned} v&=-c_nz_n-z_{n-1}+\dot{\alpha}_{n-1}-a\varphi \\ &\leqslant\sum_{i=1}^{n}p_ix_i-am \end{aligned} \tag{2.40}$$

同理

$$\begin{aligned} v&=-c_nz_n-z_{n-1}+\dot{\alpha}_{n-1}-a\varphi \\ &\geqslant\sum_{i=1}^{n}p_ix_i-aM \end{aligned} \tag{2.41}$$

令

$$\sum_{i=1}^{n}p_ix_i-am\leqslant 1 \tag{2.42}$$

$$\sum_{i=1}^{n}p_ix_i-aM\geqslant -1 \tag{2.43}$$

联立式(2.15)和(2.16)，得到一个区域 $T$，且满足 $D\subseteq T$.进一步，由 $v$ 的表达式，结合式(2.12)，(2.13)可知，若 $(x_1,x_2,\cdots,x_n)\in T$，则 $|v|\leqslant 1$.

证毕.

**定理 2.6**　考虑如下的非线性系统

$$\begin{aligned} \dot{x}_1&=x_2 \\ \dot{x}_2&=x_3 \\ &\vdots \\ \dot{x}_{n-1}&=x_n \\ \dot{x}_n&=a\varphi(x_1,x_2,\cdots,x_n)+\mathrm{sat}(v) \end{aligned}$$

在满足假设 2.1’和假设 2.2’的情况下，应用控制律 $v=-c_nz_n-z_{n-1}+\dot{\alpha}_{n-1}-a\varphi$，可知 $D$ 包含于系统吸引域中.

**证明**　构造如下 Lyapunov 函数

$$V=\sum_{i=1}^{n}\frac{1}{2}z_i^2 \tag{2.44}$$

若$(x_1,x_2,\cdots,x_n)\in D$，由定理 2.1 可知$|v|\leqslant 1$，则 $\mathrm{sat}(v)=v$.进而，利用式(2.31)，(2.37)，(2.38)，对 $V$ 求导数，有

$$\begin{aligned}\dot{V}&=\sum_{i=1}^{n}z_i\dot{z}_i\\&=-\sum_{i=1}^{n-1}c_iz_i^2+z_{n-1}z_n+z_n(\dot{x}_n-\dot{\alpha}_{n-1})\\&=-\sum_{i=1}^{n-1}c_iz_i^2+z_{n-1}z_n+z_n(a\varphi+(-c_nz_n-z_{n-1}+\dot{\alpha}_{n-1}-a\varphi)-\dot{\alpha}_{n-1})\\&=-\sum_{i=1}^{n}c_iz_i^2\end{aligned} \tag{2.45}$$

应用 LaSalle-Yoshizawa 定理，得到 $\lim\limits_{t\to\infty}z_i(t)=0, i=1,2,\cdots,n$.进一步得到

$$\lim_{t\to\infty}x_i(t)=0,\qquad i=1,2,\cdots,n$$

证毕.

**定理 2.7** 闭环系统状态 $\boldsymbol{x}(t)$ 的性能指标满足 $\|\boldsymbol{x}(t)\|_2\leqslant\frac{1}{\sqrt{c_1}}(\sum_{i=1}^{n}\frac{1}{2}z_{i0}^2)^{\frac{1}{2}}$，这里 $z_{i0}=z_i(0)$.

**证明** 由定理 2.5 和定理 2.6，可知

$$\begin{aligned}\|\boldsymbol{x}(t)\|_2^2&=\int_0^\infty|z_1(\tau)|^2d\tau\\&\leqslant\frac{1}{c_1}(V(0)-V(\infty))\\&\leqslant\frac{1}{c_1}V(0)\end{aligned}$$

又因为 $V(0)=\sum_{i=1}^{n}\frac{1}{2}z_{i0}^2$，所以 $\|x(t)\|_2\leqslant\frac{1}{\sqrt{c_1}}(\sum_{i=1}^{n}\frac{1}{2}z_{i0}^2)^{\frac{1}{2}}$.

证毕.

### 2.3.3 函数 $\varphi$ 积分有界条件下基于 Backstepping 方法的控制器设计方法

基于假设 2.1'假设 2.3'和假设 2.4'，应用 Backstepping 技术，首先进行坐标变换：

令

$$z_1 = x_1$$
$$z_i = x_i - \alpha_{i-1} \qquad i = 2,3,\cdots,n \tag{2.46}$$

其中 $\alpha_{i-1}$ 的具体形式在下面给出.

由式(2.45),(2.46),可以得到

$$\dot{z}_1 = z_2 + \alpha_1 \tag{2.47}$$

我们设计控制量

$$\alpha_1 = -c_1 z_1 \tag{2.48}$$

其中 $c_1$ 为正的参数.

由式(2.47),(2.48)可以得到

$$z_1 \dot{z}_1 = -c_1 z_1^2 + z_1 z_2 \tag{2.49}$$

令

$$\alpha_i = -c_i z_i - z_{i-1} + \dot{\alpha}_{i-1} \tag{2.50}$$

其中 $c_i(i=2,3,\cdots,n)$ 为正的参数.

利用式(2.49),(2.50),可以得到

$$z_i \dot{z}_i = -z_{i-1} z_i - c_i z_i^2 + z_i z_{i+1} \tag{2.51}$$

利用式(2.45),(2.51),可以得到

$$\dot{z}_n = \beta \mathrm{sat}(v) + a\varphi - \dot{\alpha}_{n-1} \tag{2.52}$$

令控制输入满足

$$v = \hat{e}\bar{v} \tag{2.53}$$

于是,可知

$$\bar{v} = -c_n z_n - z_{n-1} + \dot{\alpha}_{n-1} - \hat{a}\varphi \tag{2.54}$$

$$\tilde{a} = -\frac{\int_0^t \lambda z_n \varphi e^{M\lambda s} \mathrm{d}s}{e^{M\lambda t}} \tag{2.55}$$

$$\tilde{e} = -\frac{\int_0^t \gamma \bar{v} z_n e^{Ns} \mathrm{d}s}{e^{Nt}} \tag{2.56}$$

$$\dot{\hat{a}} = -\dot{\tilde{a}} \tag{2.57}$$

$$\dot{\hat{e}} = -\dot{\tilde{e}} \tag{2.58}$$

其中 $c_n,\lambda,\gamma,M,N$ 为正的参数;$e=\dfrac{1}{\beta}$,$\hat{e}$,$\hat{a}$ 分别是 $e$ 和 $a$ 的估计.

由上面的讨论可知,$-c_n z_n - z_{n-1} + \dot{\alpha}_{n-1}$ 可以表示成 $x_i,i=1,2,\cdots,n$ 的线

性组合.我们引入如下关系:

令 $-c_n z_n - z_{n-1} + \dot{\alpha}_{n-1} = \sum_{i=1}^{n} p_i x_i$.

**定理 2.8** 给出集合 $D=\{(x_1,x_2,\cdots,x_n) \mid x_1^2+x_2^2+\cdots+x_n^2 \leqslant r^2\}$,其中 $r=\dfrac{\min\{am+1,1-aM\}}{\sqrt{\sum_{i=1}^{n} p_i^2}}$,若$(x_1,x_2,\cdots,x_n)\in D$,则 $-1\leqslant v\leqslant 1$.

**证明**

$$v=-c_n z_n - z_{n-1} + \dot{\alpha}_{n-1} - a\varphi = \sum_{i=1}^{n} p_i x_i - a\varphi \tag{2.59}$$

由假设 2.3’,得到如下关系

$$\begin{aligned} v &= -c_n z_n - z_{n-1} + \dot{\alpha}_{n-1} - a\varphi \\ &\leqslant \sum_{i=1}^{n} p_i x_i - am \end{aligned} \tag{2.60}$$

同理

$$\begin{aligned} v &= -c_n z_n - z_{n-1} + \dot{\alpha}_{n-1} - a\varphi \\ &\geqslant \sum_{i=1}^{n} p_i x_i - aM \end{aligned} \tag{2.61}$$

令

$$\sum_{i=1}^{n} p_i x_i - am \leqslant 1 \tag{2.62}$$

$$\sum_{i=1}^{n} p_i x_i - aM \geqslant -1 \tag{2.63}$$

联立式(2.62),(2.63),得到一个区域 $T$,且 $D\subseteq T$.进一步,由 $v$ 的表达式,结合式(2.60),(2.61)可知:若$(x_1,x_2,\cdots,x_n)\in T$,则$|v|\leqslant 1$.

证毕.

**定理 2.9** 考虑如下非线性系统

$$\begin{aligned} \dot{x}_1 &= x_2 \\ \dot{x}_2 &= x_3 \\ &\vdots \\ \dot{x}_{n-1} &= x_n \\ \dot{x}_n &= a\varphi(x_1,x_2,\cdots,x_n) + \beta \mathrm{sat}(v) \end{aligned}$$

在满足假设 2.3’和假设 2.4’的情况下,则应用控制律 $v=-c_n z_n - z_{n-1} + \dot{\alpha}_{n-1} - a\varphi$,可知 $D$ 包含于系统吸引域中.

**证明**　构造如下的 Lyapunov 函数

$$V=\sum_{i=1}^{n}\frac{1}{2}z_i^2 \tag{2.64}$$

若$(x_1,x_2,\cdots,x_n)\in D$,由定理 2.8 可知$|v|\leqslant 1$,则 $\mathrm{sat}(v)=v$.

利用式(2.45),(2.47),(2.48),对 $V$ 求导数,有

$$\begin{aligned}\dot{V}&=\sum_{i=1}^{n}z_i\dot{z}_i\\&=-\sum_{i=1}^{n-1}c_iz_i^2+z_{n-1}z_n+z_n(\dot{x}_n-\dot{\alpha}_{n-1})\\&=-\sum_{i=1}^{n-1}c_iz_i^2+z_{n-1}z_n+z_n(a\varphi+(-c_nz_n-z_{n-1}+\dot{\alpha}_{n-1}-a\varphi)-\dot{\alpha}_{n-1})\\&=-\sum_{i=1}^{n}c_iz_i^2\end{aligned} \tag{2.65}$$

应用 LaSalle-Yoshizawa 定理,得到

$$\lim_{t\to\infty}z_i(t)=0,\qquad i=1,2\cdots,n$$

进一步得到 $\lim\limits_{t\to\infty}x_i(t)=0,i=1,2,\cdots,n$.

证毕.

**定理 2.10**　系统状态 $\boldsymbol{x}(t)$ 的性能指标满足 $\|\boldsymbol{x}(t)\|_2\leqslant\frac{1}{\sqrt{c_1}}(\sum_{i=1}^{n}\frac{1}{2}z_{i0}^2)^{\frac{1}{2}}$,这里 $z_{i0}=z_i(0)$

**证明**　由定理 2.9,如下关系成立

$$\begin{aligned}\|\boldsymbol{x}(t)\|_2^2&=\int_0^{\infty}|z_1(\tau)|^2d\tau\\&\leqslant\frac{1}{c_1}(V(0)-V(\infty))\\&\leqslant\frac{1}{c_1}V(0)\end{aligned}$$

考虑到 $V(0)=\sum_{i=1}^{n}\frac{1}{2}z_{i0}^2$,故可知 $\|x(t)\|_2\leqslant\frac{1}{\sqrt{c_1}}(\sum_{i=1}^{n}\frac{1}{2}z_{i0}^2)^{\frac{1}{2}}$.

证毕.

## 2.4 仿真算例

考虑如下非线性系统：

$$\begin{aligned}\dot{x}_1 &= x_2 \\ \dot{x}_2 &= -4x_1^3 - 2x_2 + \mathrm{sat}(v)\end{aligned} \tag{2.66}$$

其中，饱和函数 sat($v$)的饱和上下限为 $\tau_{\max}=1$，$\tau_{\min}=-1$. 在仿真中，系统状态初值为 $x(0)=[-0.5\ \ 0.5]^{\mathrm{T}}$.

利用本章给出的Backstepping控制器设计方案一，选取控制器参数 $c_1=c_2=2$. 仿真结果如图 2-1、图 2-2 所示. 图 2-1 为系统状态的响应曲线；图 2-2 为控制器输入的响应曲线. 可以看出，本设计方案不仅能够有效地消除饱和限制系统的不确定影响，使跟踪性能有所改善，而且能够使控制器运行在饱和限幅之内.

利用本章给出的Backstepping控制器设计方案二，选取控制器参数 $c_1=c_2=2$. 选取参数估计初值 $\hat{e}(0)=\hat{a}(0)=0.5$. 仿真结果如图 2-3～图 2-5 所示. 图 2-3 为系统状态的响应曲线；图 2-4 为控制器输入的响应曲线；图 2-5 为参数 $e$ 的自适应估计律的动态响应曲线；图 2-6 为参数 $a$ 的自适应估计律的动态响应曲线. 与Backstepping控制器设计方案一相比，由于参数自适应律的使用，更有效地降低了控制器的幅值. 在同样的吸引域范围内，采用自适应调节机制的Backstepping控制器设计方案能够更加有效地消除饱和限制系统的影响，使跟踪性能获得进一步提高. 与不采用针对饱和现象的常规设计方法相比(图 2-7、图 2-8)，本章的方法同时保证了系统稳定性与更好的暂态特性，而常规方法因执行器发生饱和现象而失效.

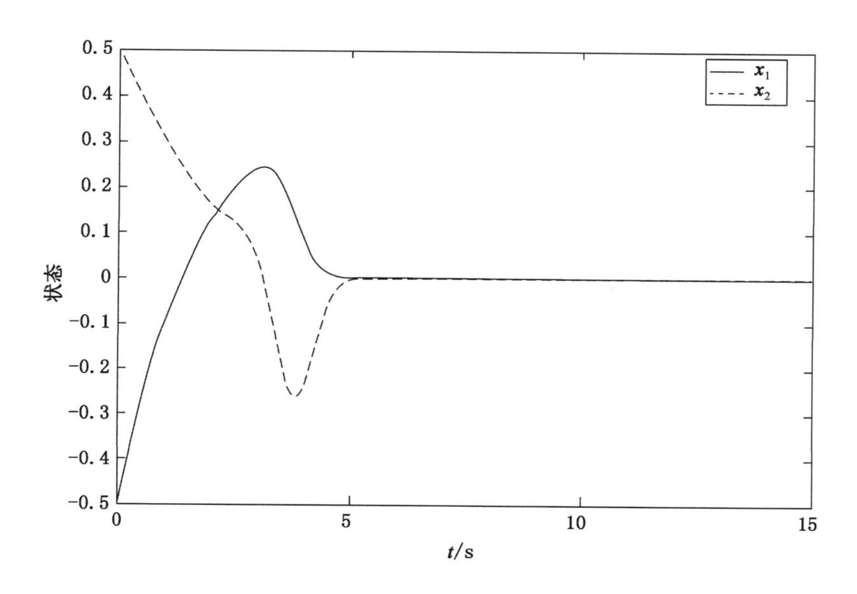


图 2-1　控制器设计方案一的状态响应曲线

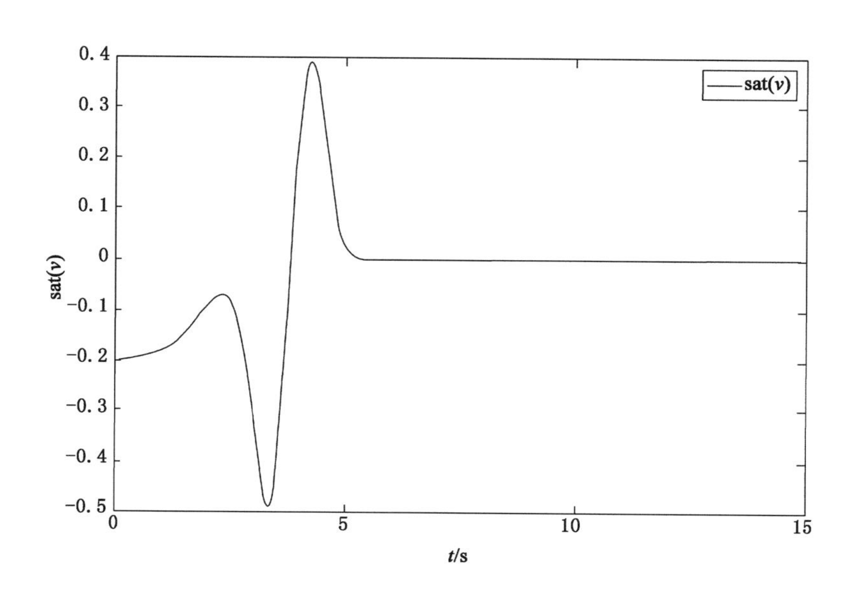


图 2-2　控制器设计方案一的输入响应曲线

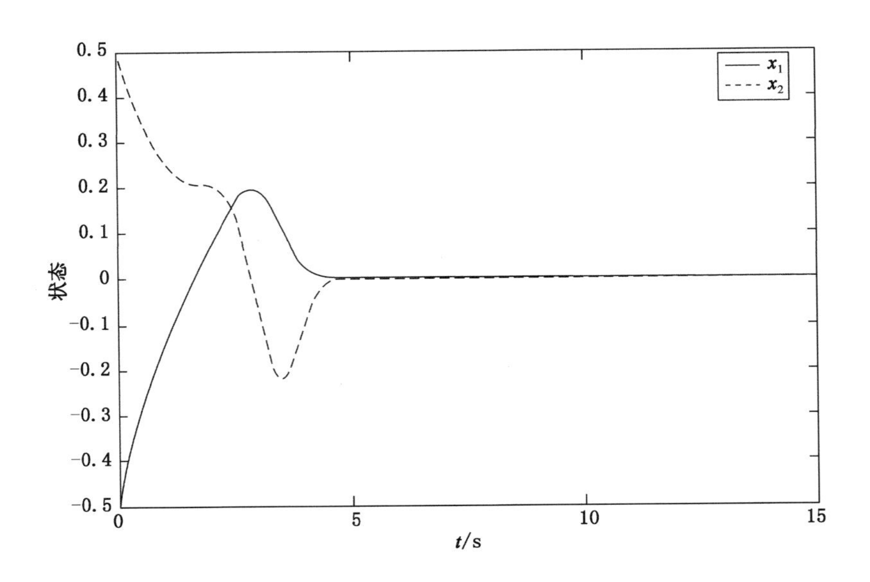


图 2-3　控制器设计方案二的状态响应曲线

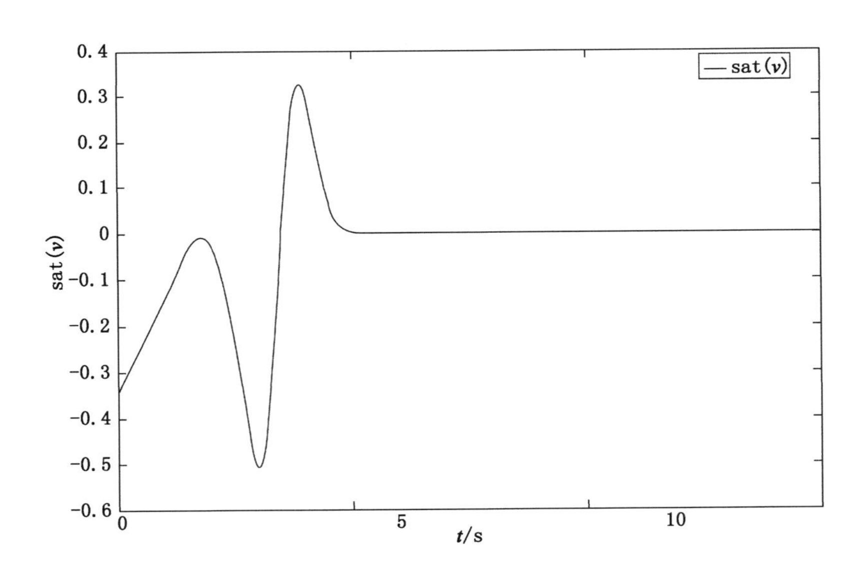


图 2-4　控制器设计方案二的输入响应曲线

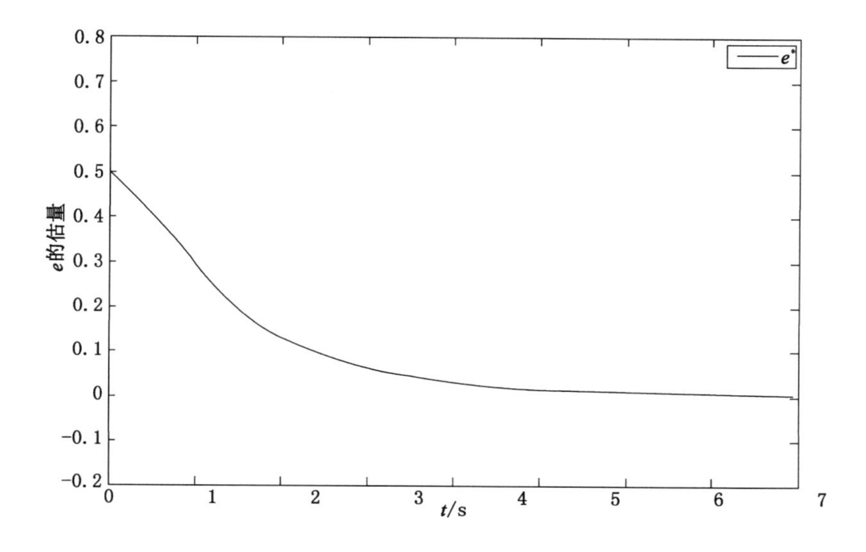


图 2-5 控制器设计方案二的参数估计响应曲线 $\hat{e}$

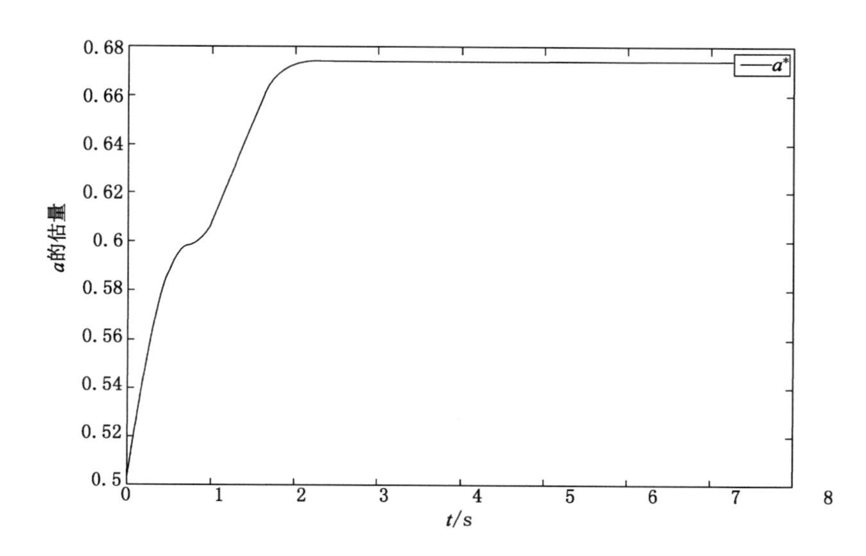


图 2-6 控制器设计方案二的参数估计响应曲线 $\hat{a}$

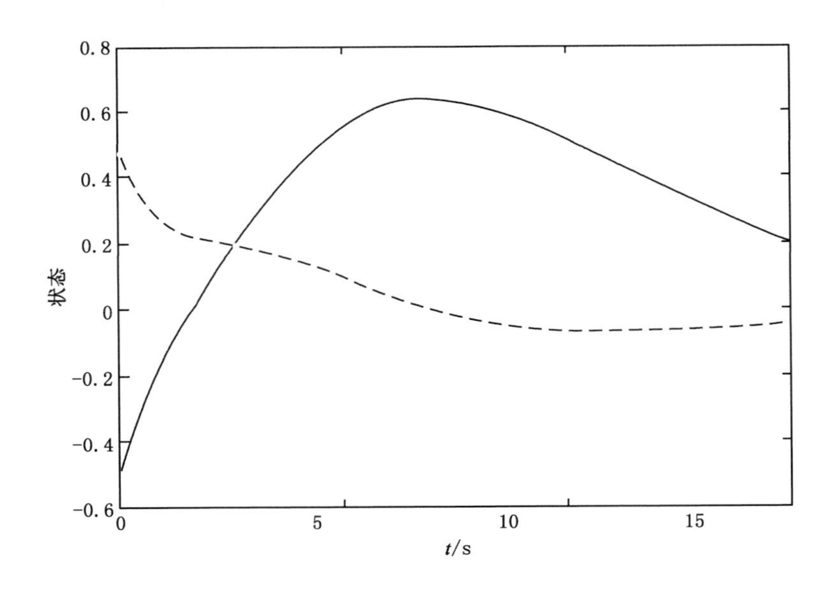


图 2-7　不考虑饱和控制器设计方案的状态响应曲线

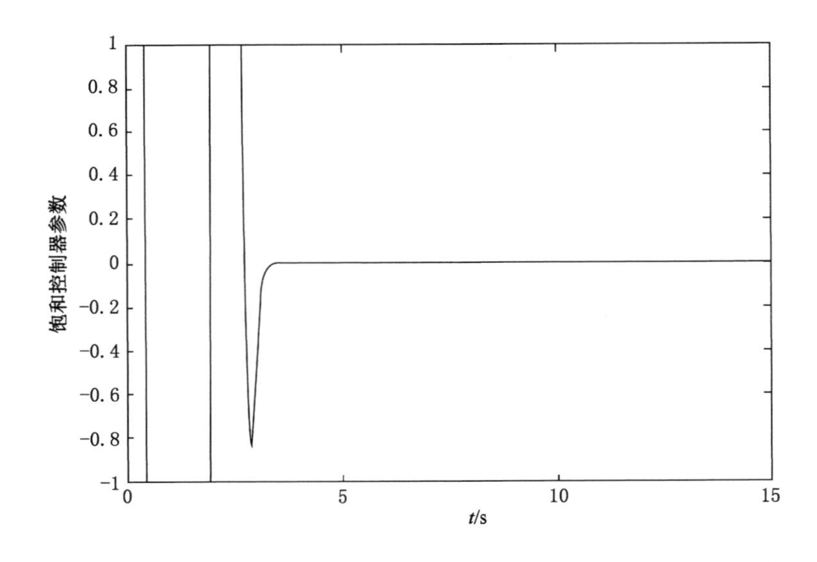


图 2-8　不考虑饱和控制器设计方案的控制输入响应曲线

## 2.5　本章小结

在本章中,针对一类带有执行器带有饱和约束的 Brunovsky 标准型严格反馈非线性系统,我们给出了基于吸引域构造技术的反步法状态反馈控制器设计方法.首先,给出一种吸引域的构造方法.而后,设计出了基于吸引域的稳定性区域的控制器.在本章的结尾通过仿真算例说明了这一算法的有效性.

# 第3章　执行器迟滞带有饱和约束的一类严格反馈非线性系统可靠控制

## 3.1　引言

执行器迟滞饱和特性是一种典型的非线性特性.执行器迟滞饱和现象广泛存在于磁性材料、磁致伸缩、压电陶瓷、形状记忆合金等智能材料中,是一种特殊的强非线性现象.通常情况下,它的存在会使控制系统的输出与输入呈现迟滞饱和特性,使得整个控制系统性能变差,降低系统的控制精度,甚至导致控制系统稳定[205].因此如何减少甚至消除执行器迟滞饱和对系统的影响是一个公认难题.

学者们对于执行器迟滞饱和特性的数学建模的研究由来已久,提出了多种迟滞模型,如 Preisach 模型、Prandtl 模型(PI 模型)、Duhem 模型以及 Bouc-Wen 模型等.Prandtl 模型是 Preisach 模型的子模型表达式,通常由 play 或 stop 算子与一个密度函数的积分的形式给出.文献[206]研究了存在于磁性材料中的迟滞饱和特性,给出了迟滞饱和模型的微分方程表达式.文献[207]给出一类广

义 Duhem 模型，分析了比率独立 Duhem 模型及比率依赖 Duhem 模型的性质并给出例子进行讨论.可以看到，迟滞饱和模型是一类比率独立的 Duhem 模型.近年来一些学者针对带有迟滞饱和特性环节的非线性系统采用各种控制策略，试图解决传统控制策略处理此类问题时的不足.文献[208]针对 Preisach 模型提出了一种基于 Wiener 模型的神经网络动态迟滞模型，具有较好的动态特性，利用 RNN 神经网络对 Preisach 模型进行逼近，提高了建模精度.文献[209]采用神经网络自适应控制方法控制迟滞模型，进而利用实验验证了该方法的有效性，具有工程实用价值.文献[210]采用自适应变结构控制的方法对未知 Prandtl-Ishlinskii 模型非线性系统进行控制，将迟滞饱和作用融入控制器的设计过程，取代了构造迟滞饱和模型的逆模型这一方法，得到较好的跟踪控制效果.文献[211]对于含有 Preisach 模型的系统采用自适应输出反馈控制，利用 BBF 神经网络逼近动态逆误差，避免了构造复杂的逆模型消除迟滞的方法.文献[212]采用的是自适应反步控制方法对具有反斜线型迟滞模型的系统进行控制，得到全局稳定的结果，跟踪误差满足精度要求.然而以上文献并没有得出针对含有迟滞饱和模型的非线性系统的结论，本书对此问题进行了深入研究，得到了满意的成果.

本章研究了一类具有执行器迟滞带有饱和约束的非线性系统的自适应跟踪控制问题.所采用的执行器迟滞饱和模型是一类比率独立的 Duhem 模型，它反映的是存在于执行器磁性材料中的迟滞饱和特性.而反斜线型迟滞模型[212]仅是迟滞饱和模型的一个特例.由于迟滞饱和模型微分方程表达式中的项是一般函数式，相比较反斜线模型更具有广泛性.本章考虑的铁磁迟滞模型微分方程的解包含两项，一项是关于输入的一般非线性函数，另一项是非线性扰动，该扰动的界限未知.然而正是因为该模型的表达形式具有一般性，其中关于输入的非线性函数项增加了控制器的设计难度，所以需要对该项进行线性化近似处理，得到关于输入的近似线性关系以方便控制器设计.考虑到非线性扰动项的界是有限的，本章设计的控制器可以通过自适应律估计出这个上界.进一步，本章采用自适应 Backstepping 控制方法，将执行器迟滞饱和特性融入控制器的设计过程中并有效地消除了迟滞饱和作用对系统的影响，避免了构造复杂迟滞逆模型需要精确的迟滞模型表达式的限制.所设计的自适应控制器能够保证系统的输出快速跟踪上给定信号，跟踪误差在一个很小的范围内波动，保证闭环系统的所有信号有界，理想地达到了预期控制目标，运用 Lyapunov 稳定性理论证明了闭环系统的稳定性.仿真结果验证了该控制器设计方法的有效性.

# 3.2 系统模型及问题描述

考虑如下的严格反馈非线性系统：

$$
\begin{aligned}
\dot{x}_1 &= g_1 x_2 \\
\dot{x}_2 &= g_2 x_3 \\
&\vdots \\
\dot{x}_{n-1} &= g_{n-1} x_n \\
\dot{x}_n &= -\sum_{i=1}^{r} a_i^* Y_i(x(t), \dot{x}(t), \cdots, x^{(n-1)}(t)) + bw(v) + \bar{d}(t)
\end{aligned}
\tag{3.1}
$$

其中 $g_i(i=1,\cdots,n-1)$是已知正常数，$Y_i$ 是已知的连续函数，$\bar{d}(t)$表示有界的外部干扰，参数 $a_i^*$ 是未知的常数，控制增益 $b$ 是未知的有界常数，$v$ 是控制输入.针对系统(3.1)，我们考虑如下的执行器迟滞饱和模型：

$$\frac{\mathrm{d}w}{\mathrm{d}t} = \alpha \left| \frac{\mathrm{d}v}{\mathrm{d}t} \right| (cv - w) + B_1 \frac{\mathrm{d}v}{\mathrm{d}t} \tag{3.2}$$

其中 $w(v)$表示执行器迟滞饱和项，$\alpha, c, B_1$ 是常数，$c>0, c>B_1$.根据文献[210]，执行器迟滞饱和模型(3.2)可以写成

$$w(t) = cv(t) + d_1(v) \tag{3.3}$$

其中

$$
\begin{aligned}
d_1(v) = {} & [w_0 - cv_0] \mathrm{e}^{-\alpha(v-v_0)\operatorname{sgn}\dot{v}} + \\
& \mathrm{e}^{-\alpha v \operatorname{sgn}\dot{v}} \int_{v_0}^{v} (B_1 - c) \mathrm{e}^{\alpha\xi(\operatorname{sgn}\dot{v})} \mathrm{d}\xi
\end{aligned}
\tag{3.4}
$$

于是带有执行器迟滞饱和的系统模型(3.1)可以写成

$$
\begin{aligned}
\dot{x}_1 &= g_1 x_2 \\
\dot{x}_2 &= g_2 x_3 \\
&\vdots \\
\dot{x}_{n-1} &= g_{n-1} x_n
\end{aligned}
$$

$$\dot{x}_n = -\sum_{i=1}^{r} a_i^* Y_i(x(t), \dot{x}(t), \cdots, x^{(n-1)}(t)) + \beta^* v(t) + d^*(t) \tag{3.5}$$

其中 $\beta^* = bc$，$d^*(t) = bd_1(v) + \bar{d}(t)$. 根据文献[210]，可以证明 $d_1(v)$ 有界，故 $d^*(t)$ 有界，这里我们用 $D^*$ 表示 $d^*(t)$ 的上界.

## 3.3　输入有界条件下自适应 Backstepping 控制器设计

令 $x_1 = y_1$，$g_1 x_2 = y_2$，$g_1 g_2 x_3 = y_3$，$\cdots$，$x_{n-1} = g_1 g_2 \cdots g_{n-1} x_n = y_n$，则系统模型(3.5)化成如下形式

$$\begin{aligned} \dot{y}_1 &= y_2 \\ \dot{y}_2 &= y_3 \\ &\vdots \\ \dot{y}_{n-1} &= y_n \\ \dot{y}_n &= \boldsymbol{a}^{\mathrm{T}} \boldsymbol{Y} + \beta v(t) + d(t) \end{aligned} \tag{3.6}$$

其中

$$\boldsymbol{a} = [-g_1 g_2 \cdots g_{n-1} a_1, \cdots, -g_1 g_3 \cdots g_{n-1} a_r]^{\mathrm{T}}$$
$$\boldsymbol{Y} = [Y_1, Y_2, \cdots, Y_r]^{\mathrm{T}}, \beta = g_1 g_2 \cdots g_{n-1} \beta^*$$
$$d(t) = g_1 g_2 \cdots g_{n-1} d^*(t)$$

同时，我们引入符号 $D$ 表示 $d(t)$ 的上界.

**假设 3.1**

(1) $b > 0$；

(2) 期望轨迹 $p(t)$ 和它的 $n-1$ 阶导数是已知且有界的.

下面应用 Backstepping 技术

$$z_1 = y_1 - p \tag{3.7}$$

$$z_i = y_i - p^{(i-1)} - \alpha_{i-1} \quad i = 2, 3, \cdots, n \tag{3.8}$$

第 1 步：

由公式(3.6)～(3.8)可知

$$\dot{z}_1 = z_2 + \alpha_1 \tag{3.9}$$

我们设计虚拟控制量 $\alpha_1$，令

$$\alpha_1 = -c_1 z_1 \tag{3.10}$$

其中 $c_1$ 是正的设计参数.于是，由公式(3.9)和(3.10)得到

$$z_1 \dot{z}_1 = -c_1 z_1^2 + z_1 z_2 \tag{3.11}$$

第 $i$ 步($i=2,\cdots,n-1$)：

选择

$$\alpha_i = -c_i z_i - z_{i-1} + \dot{\alpha}_{i-1}(y_1,\cdots,y_{i-1},p,\cdots,p^{(i-1)}) \tag{3.12}$$

这里 $c_i, i=2,\cdots,n-1$ 是正的设计参数.进一步，由公式(3.8)和(3.12)得到

$$z_i \dot{z}_i = -z_{i-1} z_i - c_i z_i^2 + z_i z_{i+1} \tag{3.13}$$

第 $n$ 步：

由公式(3.6)和(3.8)，可以得到

$$\dot{z}_n = \beta v(t) + \boldsymbol{a}^{\mathrm{T}} \boldsymbol{Y} + d(t) - p^{(n)} - \dot{\alpha}_{n-1} \tag{3.14}$$

于是，我们设计自适应律如下：

$$v = \hat{e}\bar{v} \tag{3.15}$$

$$\bar{v} = -c_n z_n - z_{n-1} - \hat{a}^{\mathrm{T}} Y - \mathrm{sgn}(z_n)\hat{D} + p^{(n)} + \dot{\alpha}_{n-1} \tag{3.16}$$

$$\dot{\hat{e}} = -\gamma \bar{v} z_n \tag{3.17}$$

$$\dot{\hat{a}} = \boldsymbol{\Gamma} \boldsymbol{Y} z_n \tag{3.18}$$

$$\dot{\hat{D}} = \eta |z_n| \tag{3.19}$$

这里 $c_n, \gamma, \eta$ 是三个正的设计参数；$\boldsymbol{\Gamma}$ 是正定矩阵；$\hat{e}, \hat{a}, \hat{D}$ 分别是 $e=\dfrac{1}{\beta}, a, D$ 的估计值.

定义估计误差 $\tilde{e}=e-\hat{e}, \tilde{a}=a-\hat{a}, \tilde{D}=D-\hat{D}$，由式(3.15)得到

$$\beta v = \beta \hat{e} \bar{v} = \bar{v} - \beta \tilde{e} \bar{v} \tag{3.20}$$

由式(3.14)，(3.16)，(3.20)，可以得到

$$\dot{z}_n = -c_n z_n - z_{n-1} + \tilde{\boldsymbol{a}}^{\mathrm{T}} \boldsymbol{Y} - \mathrm{sgn}(z_n)\hat{D} + d(t) - \beta \tilde{e} \bar{v} \tag{3.21}$$

定义如下的 Lyapunov 函数

$$V = \sum_{i=1}^{n} \frac{1}{2} z_i^2 + \frac{1}{2} \tilde{\boldsymbol{a}}^{\mathrm{T}} \boldsymbol{\Gamma}^{-1} \tilde{a} + \frac{\beta}{2\gamma} \tilde{e}^2 + \frac{1}{2\eta} \tilde{D}^2 \tag{3.22}$$

对其求导数，可以得到

$$\begin{aligned}\dot{V} &= \sum_{i=1}^{n} z_i \dot{z}_i + \tilde{\boldsymbol{a}}^{\mathrm{T}} \boldsymbol{\Gamma}^{-1} \dot{\tilde{a}} + \frac{\beta}{\gamma} \tilde{e} \dot{\tilde{e}} + \frac{1}{\eta} \tilde{D} \dot{\tilde{D}} \\ &\leqslant -\sum_{i=1}^{n} c_i z_i^2 + \tilde{\boldsymbol{a}}^{\mathrm{T}} \boldsymbol{\Gamma}^{-1} (\boldsymbol{\Gamma} \boldsymbol{Y} z_n - \dot{\hat{a}}) \\ &\quad - \frac{\beta}{\gamma} \tilde{e} (\gamma \bar{v} z_n + \dot{\hat{e}}) + \frac{1}{\eta} \tilde{D} (\eta |z_n| - \dot{\hat{D}}) \\ &= -\sum_{i=1}^{n} c_i z_i^2\end{aligned} \tag{3.23}$$

**定理 3.1**　满足假设 3.1 的不确定系统(3.1)，应用控制(3.15)和参数估计律(3.17)～(3.19)，下面结论成立：

(1) 闭环系统全局稳定；

$$\lim_{t \to \infty} [x(t) - p(t)] = 0;$$

(2)

$$\| x(t) - p(t) \|_2 \leqslant \frac{1}{\sqrt{c_1}} \left( \frac{1}{2} \tilde{\boldsymbol{a}}(0)^{\mathrm{T}} \boldsymbol{\Gamma}^{-1} \tilde{\boldsymbol{a}}(0) + \frac{\beta}{2\gamma} \tilde{e}(0)^2 + \frac{1}{2\eta} \tilde{D}(0)^2 \right)^{1/2}.$$

**证明**　由式(3.23)知 $V$ 是非增的，所以 $z_i, i=1,\cdots,n, \hat{e}, \hat{a}, \hat{D}$ 是有界的.这样，我们对式(3.23)应用 LaSalle-Yoshizawa 定理，得到

$$z_i(t) \to 0, i=1,\cdots,n, \text{当 } t \to \infty \text{ 时}$$

这就意味着 $\lim_{t \to \infty} [y(t) - p(t)] = 0$.考虑到 $x(t) = y(t)$，所以

$$\lim_{t \to \infty} [x(t) - p(t)] = 0.$$

由式(3.23)可知

$$\| z_1 \|_2^2 = \int_0^{\infty} |z_1(\tau)|^2 d\tau \leqslant \frac{1}{c_1} (V(0) - V(\infty)) \leqslant \frac{1}{c_1} V(0).$$

令 $z_i(0) = 0, i=1,\cdots,n$，可以得到

$$V(0) = \frac{1}{2} \tilde{\boldsymbol{a}}(0)^{\mathrm{T}} \boldsymbol{\Gamma}^{-1} \tilde{\boldsymbol{a}}(0) + \frac{\beta}{2\gamma} \tilde{e}(0)^2 + \frac{1}{2\eta} \tilde{D}(0)^2.$$

所以利用 $x(t) = y(t)$ 得到

$$\| x(t) - p(t) \|_2 \leqslant \frac{1}{\sqrt{c_1}} \left( \frac{1}{2} \tilde{\boldsymbol{a}}(0)^{\mathrm{T}} \boldsymbol{\Gamma}^{-1} \tilde{\boldsymbol{a}}(0) + \frac{\beta}{2\gamma} \tilde{e}(0)^2 + \frac{1}{2\eta} \tilde{D}(0)^2 \right)^{1/2}.$$

证毕.

# 3.4 输入饱和条件下自适应 Backstepping 控制器设计

考虑如下的系统形式：

$$\begin{aligned}
\dot{x}_1 &= x_2 \\
\dot{x}_2 &= x_3 \\
&\vdots \\
\dot{x}_{n-1} &= x_n
\end{aligned}$$

$$\dot{x}_n = -\sum_{i=1}^{r} a_i Y_i(x(t), \dot{x}(t), \cdots, x^{(n-1)}(t)) + bw(v) + \bar{d}(t) \tag{3.24}$$

其中 $g_i(i=1,\cdots,n-1)$是已知正常数，$Y_i$ 是已知的连续函数，$\bar{d}(t)$表示有界的外部干扰，参数 $a_i$ 是未知的常数，控制增益 $b$ 是未知的有界常数，$v$ 是控制输入，$w(v)$表示执行器迟滞饱和项目，它被描述成：

$$\frac{\mathrm{d}w}{\mathrm{d}t} = \alpha \left| \frac{\mathrm{d}v}{\mathrm{d}t} \right| (cv - w) + B_1 \frac{\mathrm{d}v}{\mathrm{d}t} \tag{3.25}$$

其中 $\alpha, c, B_1$ 是常数，$c>0$，$c>B_1$.如前所述，式(3.25)可以写成

$$w(t) = cv(t) + d_1(v) \tag{3.26}$$

其中

$$\begin{aligned}
d_1(v) = [w_0 - cv_0] \mathrm{e}^{-\alpha(v-v_0)\mathrm{sgn}\dot{v}} + \\
\mathrm{e}^{-\alpha v \mathrm{sgn}\dot{v}} \int_{v_0}^{v} (B_1 - c) \mathrm{e}^{\alpha\xi(\mathrm{sgn}\dot{v})} \mathrm{d}\xi.
\end{aligned}$$

于是系统模型(3.24)可以写成：

$$\begin{aligned}
\dot{x}_1 &= x_2 \\
\dot{x}_2 &= x_3 \\
&\vdots \\
\dot{x}_{n-1} &= x_n
\end{aligned}$$

$$\begin{aligned}\dot{x}_n &= -\sum_{i=1}^{r} a_i Y_i(x(t), \dot{x}(t), \cdots, x^{(n-1)}(t)) + \beta v(t) + d(t) \\ &= \boldsymbol{a}^{\mathrm{T}}\boldsymbol{Y} + \beta v(t) + d(t)\end{aligned} \tag{3.27}$$

其中$\beta = bc$，$d(t) = bd_1(v) + \bar{d}(t)$.可以证明$d_1(v)$有界，故$d(t)$有界，我们用$D$表示$d(t)$的上界.引入符号$\boldsymbol{a} = [-a_1, -a_2, \cdots, -a_r]^{\mathrm{T}}$，$\boldsymbol{Y} = [Y_1, Y_2, \cdots, Y_r]^{\mathrm{T}}$.

**假设 3.2**

(1) $b > 0$；

(2) 期望轨迹$p(t)$和它的$n-1$阶导数是已知且有界的.

下面我们将在输入饱和情况下设计自适应律，并给出闭环稳定的充分条件.

我们应用 Backstepping 技术

$$z_1 = x_1 - p \tag{3.28}$$

$$z_i = x_i - p^{(i-1)} - \alpha_{i-1}, \quad i = 2, 3, \cdots, n \tag{3.29}$$

第1步：

由式(3.28)，(3.29)可以知道

$$\dot{z}_1 = z_2 + \alpha_1 \tag{3.30}$$

我们设计虚拟控制量$\alpha_1$，定义$\alpha_1 = -c_1 z_1$，其中$c_1$是正的设计参数.

由式(3.8)和(3.9)可以得到

$$z_1 \dot{z}_1 = -c_1 z_1^2 + z_1 z_2 \tag{3.31}$$

第$i$步($i = 2, \cdots, n-1$)：

选择如下的虚拟控制量

$$\alpha_i = -c_i z_i - z_{i-1} + \dot{\alpha}_{i-1}(x_1, \cdots, x_{i-1}, p, \cdots, p^{(i-1)}) \tag{3.32}$$

这里$c_i$，$i = 2, \cdots, n-1$是正的设计参数.

由式(3.30)和(3.31)得到

$$z_i \dot{z}_i = -z_{i-1} z_i - c_i z_i^2 + z_i z_{i+1} \tag{3.33}$$

第$n$步：

由式(3.32)和(3.33)得到

$$\dot{z}_n = \beta v(t) + \boldsymbol{a}^{\mathrm{T}}\boldsymbol{Y} + d(t) - p^{(n)} - \dot{\alpha}_{n-1} \tag{3.34}$$

我们设计自适应律如下：

$$v = \sigma(\hat{e}\bar{v}) = \begin{cases} \hat{e}\bar{v} & |\hat{e}\bar{v}| \leqslant 1 \\ 1 & \hat{e}\bar{v} > 1 \\ -1 & \hat{e}\bar{v} < -1 \end{cases} \tag{3.35}$$

$$\bar{v} = -c_n z_n - z_{n-1} - \hat{\boldsymbol{a}}^{\mathrm{T}}\boldsymbol{Y} - \mathrm{sgn}(z_n)\hat{D} + p^{(n)} + \dot{\alpha}_{n-1} \tag{3.36}$$

$$\dot{\hat{e}} = -\gamma\bar{v}z_n \tag{3.37}$$

$$\dot{\hat{a}} = \mathbf{\Gamma Y}z_n \tag{3.38}$$

$$\dot{\hat{D}} = \eta|z_n| \tag{3.39}$$

这里 $c_n,\gamma,\eta$ 是三个正的设计参数，$\mathbf{\Gamma}$ 是正定矩阵，$\hat{e},\hat{a},\hat{D}$ 分别是 $e=\frac{1}{\beta},a,D$ 的估计值.

定义估计误差为 $\tilde{e}=e-\hat{e},\tilde{a}=a-\hat{a},\tilde{D}=D-\hat{D}$.

$$\beta v=\begin{cases}\bar{v}-\beta\tilde{e}\bar{v} & |\hat{e}\bar{v}|\leqslant 1\\ \beta & \hat{e}\bar{v}>1\\ -\beta & \hat{e}\bar{v}<-1\end{cases} \tag{3.40}$$

由式(3.35)～(3.40)，可以得到

$$\dot{z}_n=\begin{cases}-c_nz_n-z_{n-1}+\tilde{\boldsymbol{a}}^{\mathrm{T}}\mathbf{Y}-\operatorname{sgn}(z_n)\hat{D}+d(t)-\beta\tilde{e}\bar{v} & |\hat{e}\bar{v}|\leqslant 1\\ \beta+\boldsymbol{a}^{\mathrm{T}}\mathbf{Y}+d(t)-p^{(n)}-\dot{\alpha}_{n-1} & \hat{e}\bar{v}>1\\ -\beta+\boldsymbol{a}^{\mathrm{T}}\mathbf{Y}+d(t)-p^{(n)}-\dot{\alpha}_{n-1} & \hat{e}\bar{v}<-1\end{cases} \tag{3.41}$$

定义如下的 Lyapunov 函数

$$V=\sum_{i=1}^{n}\frac{1}{2}z_i^2+\frac{1}{2}\tilde{\boldsymbol{a}}^{\mathrm{T}}\mathbf{\Gamma}^{-1}\tilde{\boldsymbol{a}}+\frac{\beta}{2\gamma}\tilde{e}^2+\frac{1}{2\eta}\tilde{D}^2 \tag{3.42}$$

当 $|\hat{e}\bar{v}|\leqslant 1$ 时，我们有

$$\begin{aligned}\dot{V}&=\sum_{i=1}^{n}z_i\dot{z}_i+\tilde{\boldsymbol{a}}^{\mathrm{T}}\mathbf{\Gamma}^{-1}\dot{\tilde{\boldsymbol{a}}}+\frac{\beta}{\gamma}\tilde{e}\dot{\tilde{e}}+\frac{1}{\eta}\tilde{D}\dot{\tilde{D}}\\&\leqslant-\sum_{i=1}^{n}c_iz_i^2+\tilde{\boldsymbol{a}}^{\mathrm{T}}\mathbf{\Gamma}^{-1}(\mathbf{\Gamma Y}z_n-\dot{\hat{a}})-\frac{\beta}{\gamma}\tilde{e}(\gamma\bar{v}z_n+\dot{\hat{e}})+\frac{1}{\eta}\tilde{D}(\eta|z_n|-\dot{\hat{D}})\\&=-\sum_{i=1}^{n}c_iz_i^2\end{aligned} \tag{3.43}$$

当 $\hat{e}\bar{v}>1$ 时，我们有

$$\dot{V}=\sum_{i=1}^{n}z_i\dot{z}_i+\tilde{\boldsymbol{a}}^{\mathrm{T}}\mathbf{\Gamma}^{-1}\dot{\tilde{\boldsymbol{a}}}+\frac{\beta}{\gamma}\tilde{e}\dot{\tilde{e}}+\frac{1}{\eta}\tilde{D}\dot{\tilde{D}}$$

$$\leqslant -\sum_{i=1}^{n-1} c_i z_i^2 + \beta(-\hat{e}\bar{v}+1)z_n - c_n z_n^2 \tag{3.44}$$

当 $\hat{e}\bar{v}<-1$ 时,我们有

$$\begin{aligned}\dot{V} &= \sum_{i=1}^{n} z_i \dot{z}_i + \tilde{\boldsymbol{a}}^{\mathrm{T}} \boldsymbol{\Gamma}^{-1} \dot{\tilde{\boldsymbol{a}}} + \frac{\beta}{\gamma}\tilde{e}\dot{\tilde{e}} + \frac{1}{\eta}\tilde{D}\dot{\tilde{D}} \\ &\leqslant -\sum_{i=1}^{n-1} c_i z_i^2 + \beta(-\hat{e}\bar{v}-1)z_n - c_n z_n^2\end{aligned} \tag{3.45}$$

**定理 3.2** 满足假设 3.2 的不确定系统(3.24),应用控制(3.35)和参数法则(3.36)~(3.40),在 $-\beta<\beta\hat{e}\bar{v}-c_n z_n<\beta$ 所确定的区域内稳定且满足

$$\lim_{t\to\infty}[x(t)-p(t)]=0.$$

**证明** 由式(3.43),(3.44),(3.45)知 $V$ 是非增的,所以 $z_i, i=1,\cdots,n, \hat{e}, \hat{a}, \hat{D}$ 是有界的.对式(3.43),(3.44),(3.45)应用 LaSalle-Yoshizawa 定理,得到

$$z_i(t)\to 0, i=1,\cdots,n, \quad \text{当 } t\to\infty \text{时}$$

这意味着

$$\lim_{t\to\infty}[x(t)-p(t)]=0.$$

证毕.

**注 3.1** 该定理给出了具有铁磁迟滞非线性特性的非线性系统的自适应控制律.该设计方法是反步法,将滞环非线性对系统的影响消除在自适应调节过程中,从而避免了采用构造迟滞逆模型消除滞环特性等传统方法重构误差大、不能精确构造复杂滞环逆模型等诸多不足之处.而相对于[212]等文献中的类反斜线滞环模型,本书讨论的铁磁迟滞模型的表达式更具有一般性,而反斜线滞环模型只是铁磁迟滞模型的一种特例情况,因此本书讨论的方法适用范围更广.

# 3.5 仿真算例

考虑满足假设 3.1 和假设 3.2 的非线性系统如下:

$$\dot{x}_1 = x_2$$
$$\dot{x}_2 = ah(x_1) + bw(t)$$
$$y = x_1$$

该系统的初值是 $x(0)$，$h(x_1)$可以为已知的非线性函数，这里将其选择为 $h(x_1)=-x_1^2$.$a$ 和 $b$ 为未知的系统参数.$w(t)$为系统输入，满足如下形式：

$$\frac{\mathrm{d}w}{\mathrm{d}t} = \alpha\left|\frac{\mathrm{d}v}{\mathrm{d}t}\right|(cv - w) + B_1\frac{\mathrm{d}v}{\mathrm{d}t}$$

其中 $\alpha,c,B_1$ 是常数，$c>0$，$c>B_1$.如前所述，我们有 $w(t)=cv(t)+d_1(v)$，其中变量满足

$$d_1(v) = [w_0 - cv_0]\mathrm{e}^{-\alpha(v-v_0)\mathrm{sgn}\dot{v}} + \mathrm{e}^{-\alpha v\mathrm{sgn}\dot{v}}\int_{v0}^{v}(B_1 - c)\mathrm{e}^{\alpha\xi(\mathrm{sgn}\dot{v})}\mathrm{d}\xi$$

(1) 在本章给出的第一种自适应控制器中，我们选择如下相应参数：$\alpha=0.5$，$c=1\ 000$，$B_1=0.2$，$a=0.5$，$b=1$，$p(t)=0$.选取系统初值 $\boldsymbol{x}(0)=[-2\ \ 2]^{\mathrm{T}}$ 选取控制器参数 $c_1=c_2=2$.选取参数估计初值 $\hat{e}(0)=\hat{a}(0)=0.5$，$\hat{D}(0)=1.7$.仿真结果如图 3-1～图 3-4 所示：图 3-1 为系统状态的响应曲线；图 3-2 为参数 $e$ 的自适应估计律的动态响应曲线；图 3-3 为参数 $a$ 的自适应估计律的动态响应曲线；图 3-4 为参数 $D$ 的自适应估计律的动态响应曲线；图 3-5 为控制器输入的响应曲线.可以看出，由于参数自适应律的使用，有效地削弱了控制器的振荡现象.在 4 s 之内，闭环系统的状态和参数估计值趋于稳定，同时保证了过渡性能.

(2) 在本章给出的第一种自适应控制器中，我们按照如下方式选择相应参数：$\alpha=0.5$，$c=1\ 000$，$B_1=0.2$，$a=0.5$，$b=1$，$p(t)=0$.选取系统初值 $\boldsymbol{x}(0)=[-2\quad 2]^{\mathrm{T}}$，并选取控制器参数 $c_1=c_2=2$；选择满足 $-\beta<\hat{\beta}e\bar{v}-c_2x_2<\beta$ 的初值.选取参数估计初值 $\hat{e}(0)=\hat{a}(0)=0.5$，$\hat{D}(0)=1.7$.仿真结果如图 3-6～图 3-10 所示：图 3-6 为系统状态的响应曲线；图 3-7 为参数 $e$ 的自适应估计律的动态响应曲线；图 3-8 为参数 $a$ 的自适应估计律的动态响应曲线；图 3-9 为参数 $D$ 的自适应估计律的动态响应曲线；图 3-10 为控制器输入的响应曲线.与 Backstepping 控制器设计方案一相比，通过控制输入律 $v$ 的不同设置，有效地降低了控制器的幅值.在同样的吸引域范围内，采用自适应调节机制的 Backstepping 控制器设计方案能够更加有效地消除执行器迟滞饱和环节的影响，使跟踪性能获得进一步提高.

为对比说明本章方法的有效性，采用文献[212]的方法进行仿真对比，如图 3-11、图 3-12 所示，可以看出，本章给出的方法具有更快的收敛速度，同时，暂态响应过程中的控制输入振荡更小，并具有更高的跟踪误差精度.

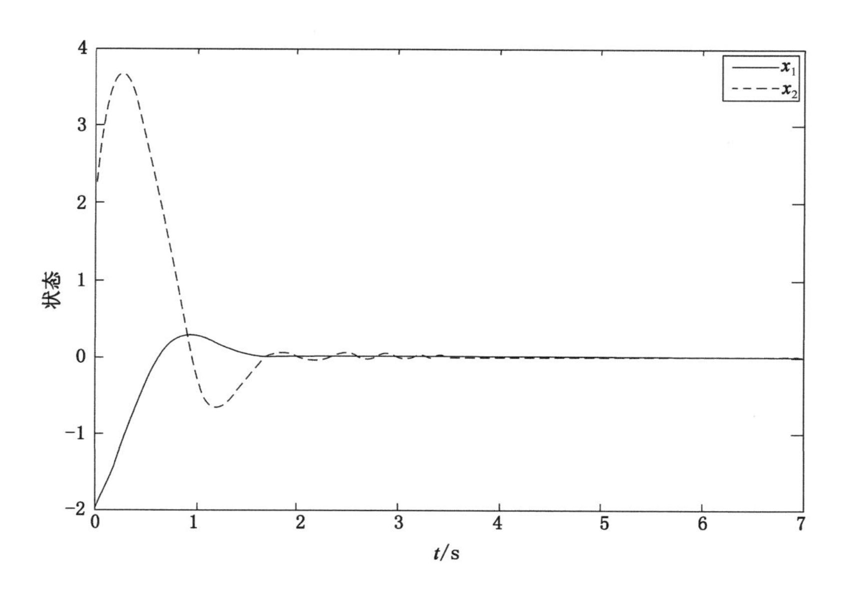


图 3-1　控制器设计方案一的系统状态响应曲线

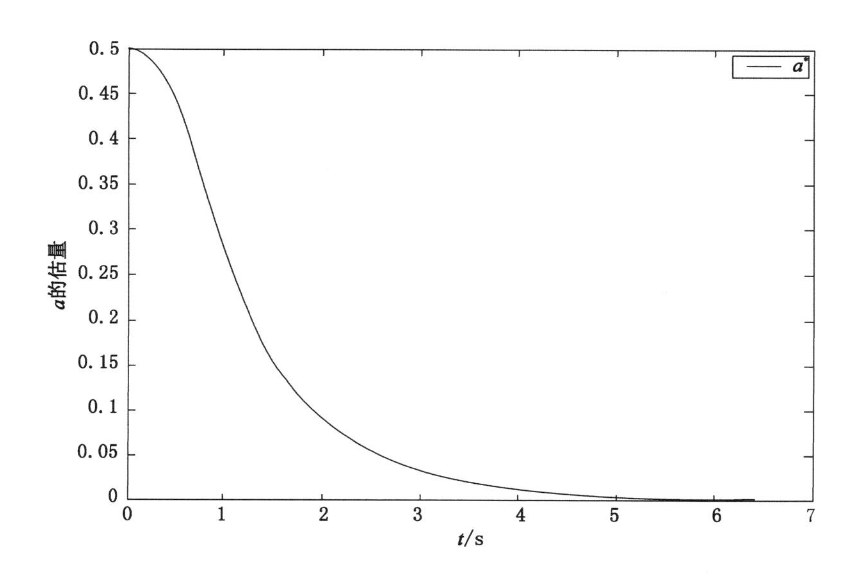


图 3-2　控制器设计方案一的参数估计响应曲线 $\hat{e}$

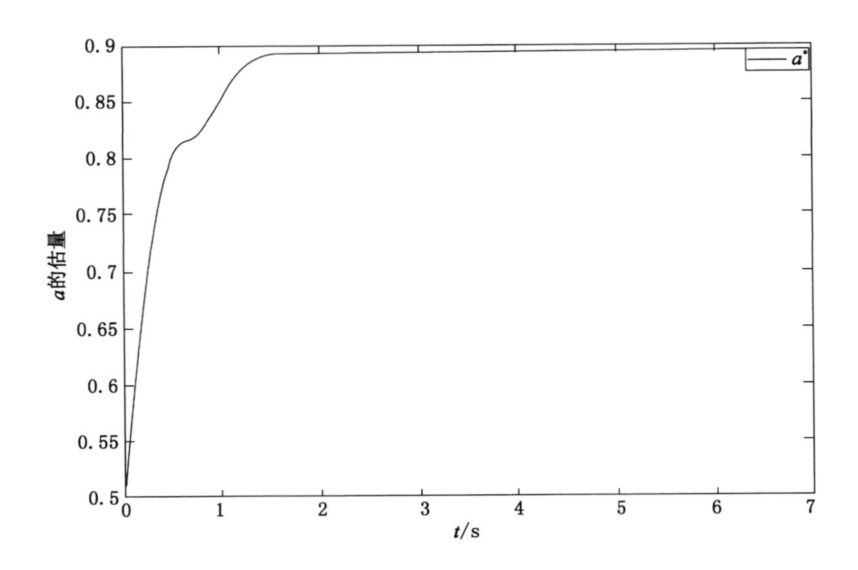


图 3-3　控制器设计方案一的参数估计响应曲线 $\hat{a}$

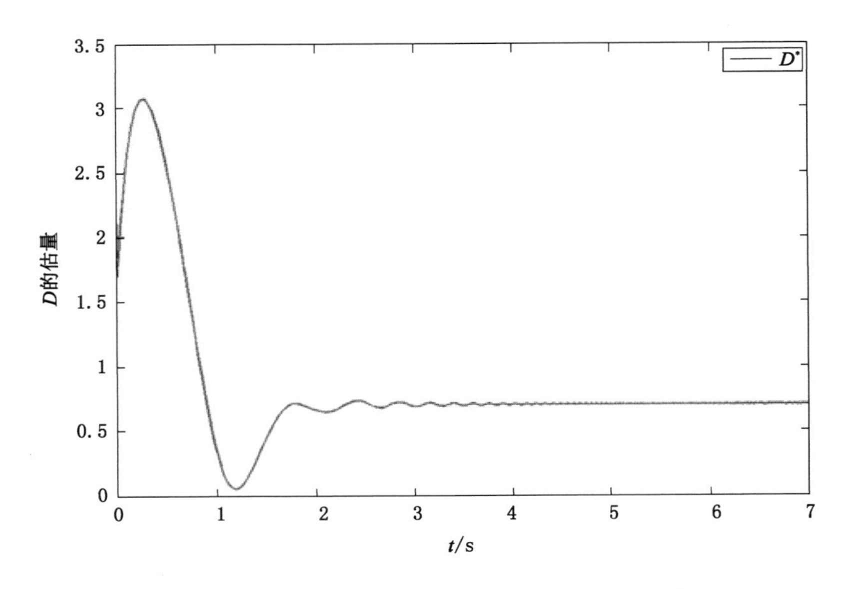


图 3-4　控制器设计方案一的参数估计响应曲线 $\hat{D}$

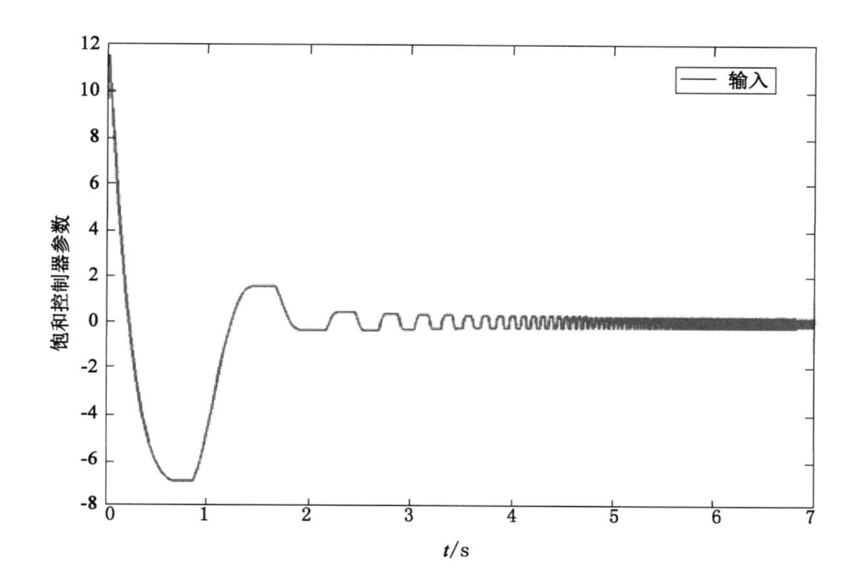


图 3-5　控制器设计方案一的执行器输入响应曲线

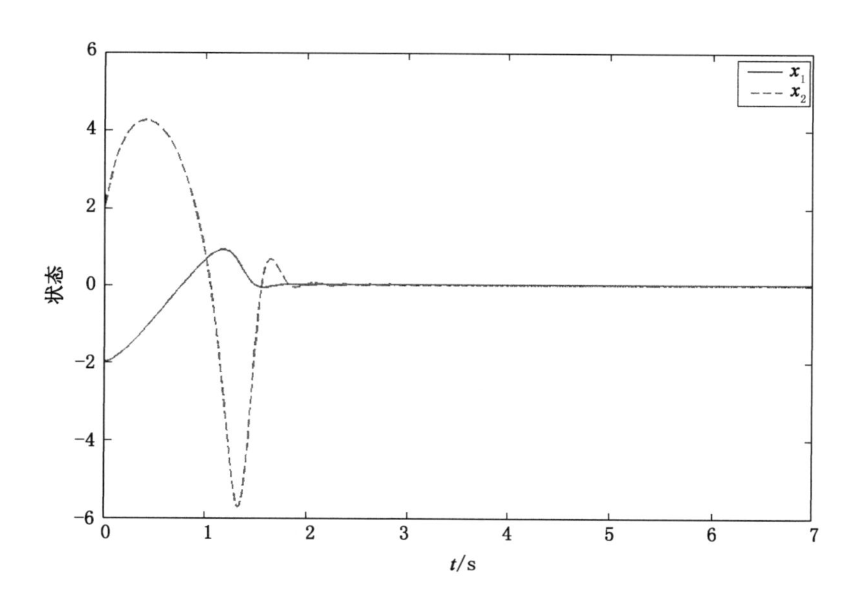


图 3-6　控制器设计方案二的系统状态响应曲线

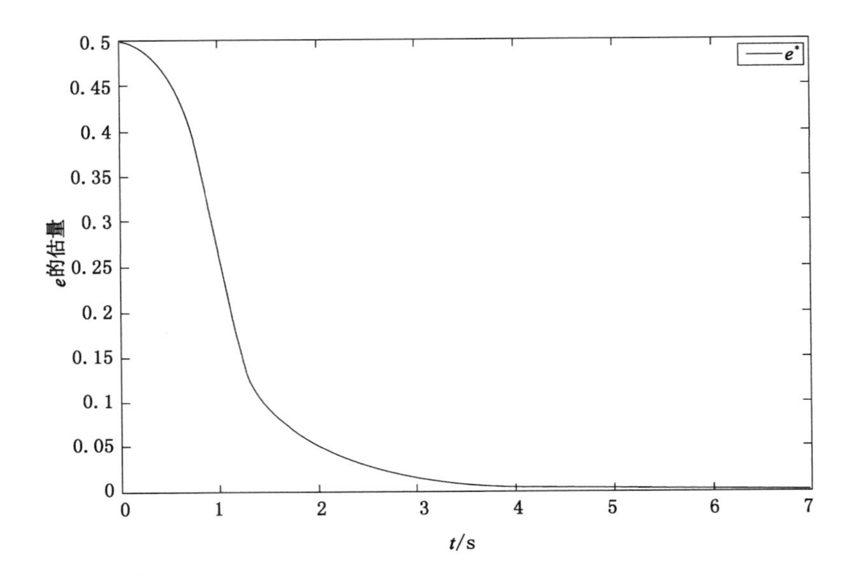


图 3-7　控制器设计方案二的参数估计响应曲线 $\hat{e}$

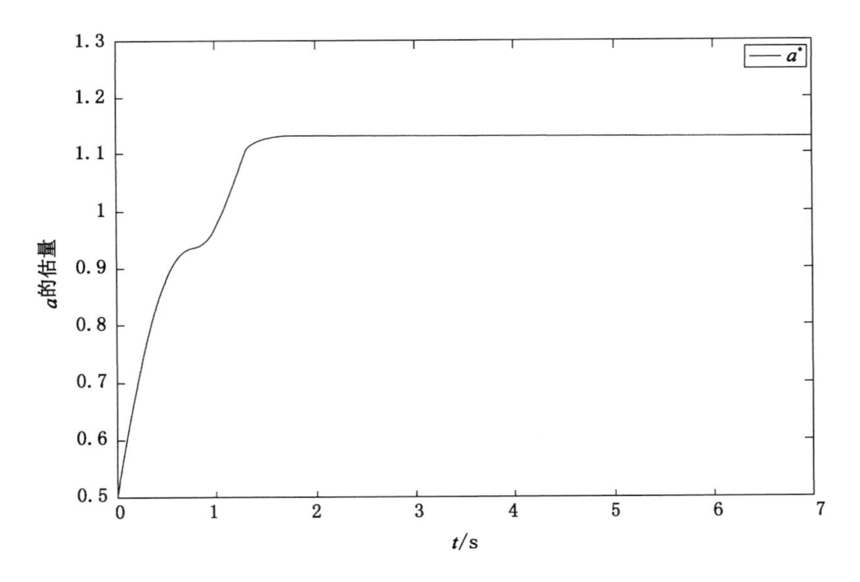


图 3-8　控制器设计方案二的参数估计响应曲线 $\hat{a}$

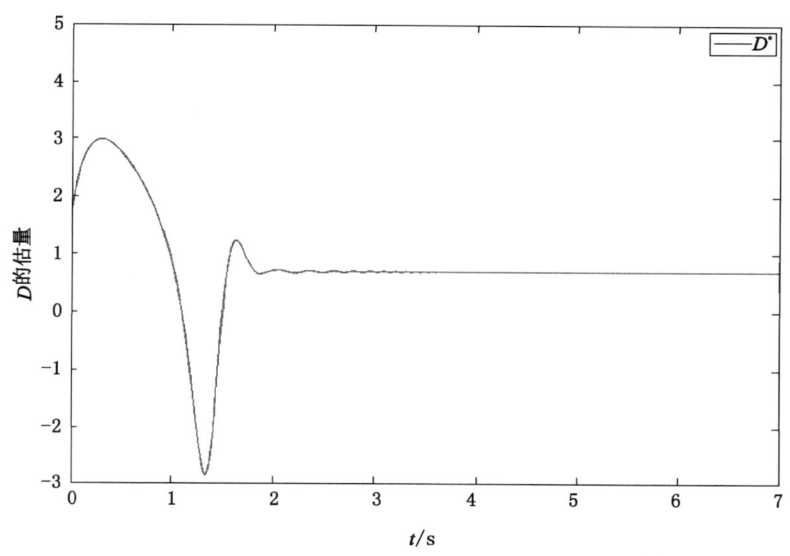


图 3-9 控制器设计方案二的参数估计响应曲线 $\hat{D}$

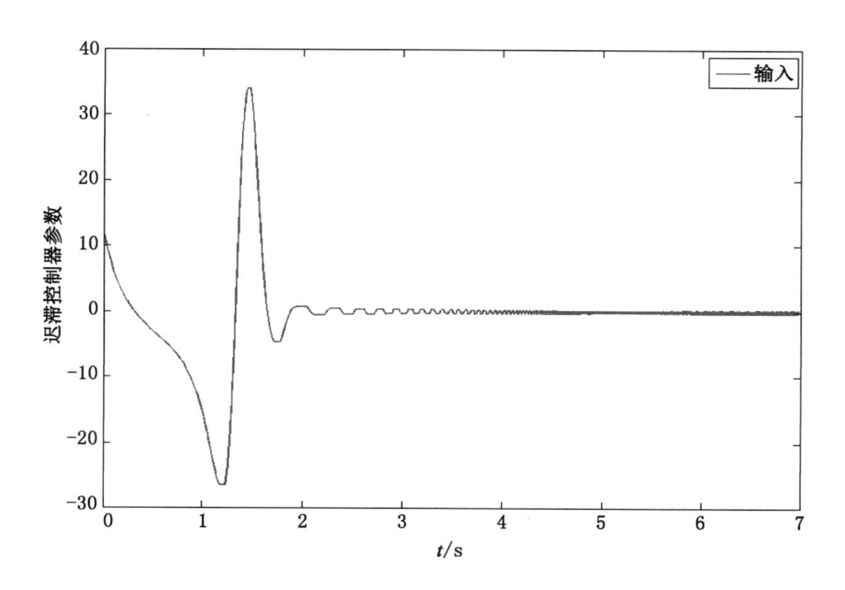


图 3-10 控制器设计方案二的执行器输入响应曲线

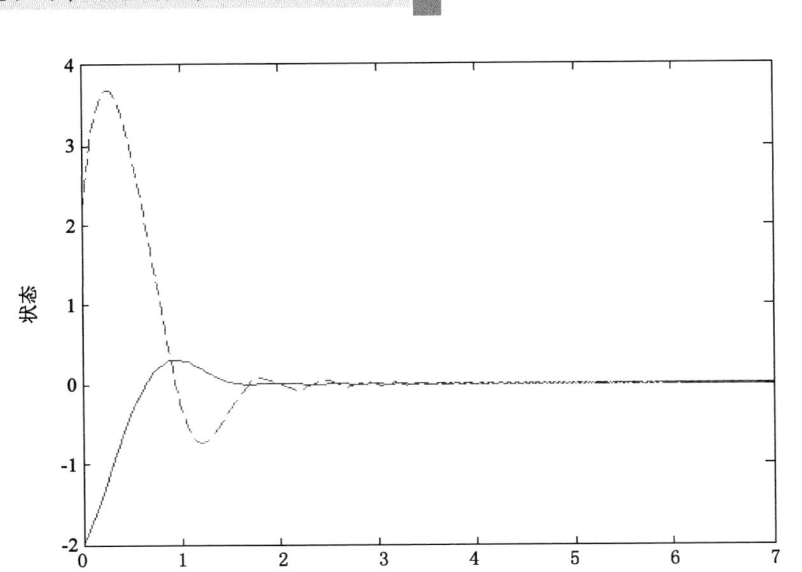


图 3-11 控制器设计方案的系统状态响应曲线[212]

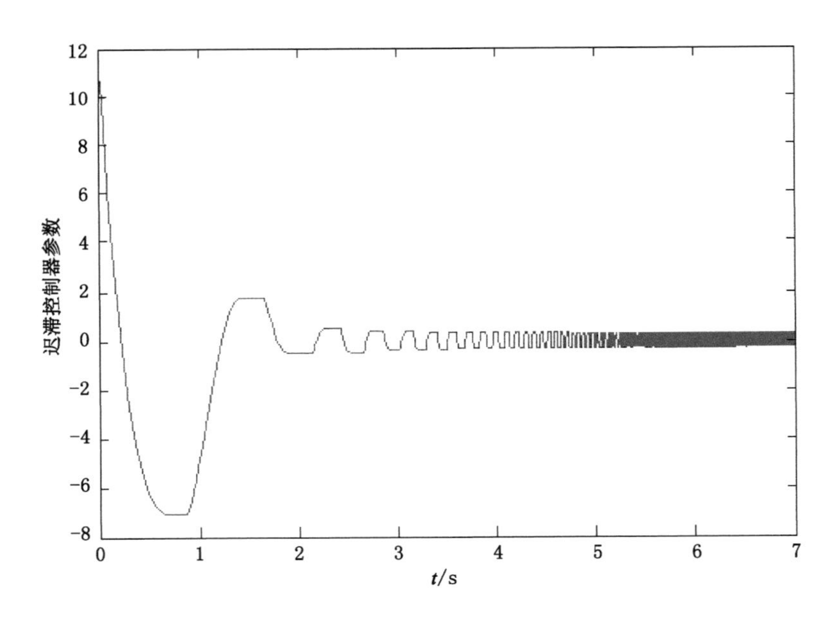


图 3-12 控制器设计方案的控制输入响应曲线[212]

# 3.6　本章小结

非线性控制系统中存在执行器迟滞饱和非线性环节会导致整个控制系统性能变差,甚至使闭环系统不稳定.本章针对一类具有执行器迟滞带有饱和约束的不确定非线性系统,采用自适应 Backstepping 控制方法设计控制器,利用 Lyapunov 意义下的稳定性理论证明了闭环系统的稳定性,达到了预期的控制目标,仿真结果验证了该方法的有效性.

# 第4章　执行器带有饱和约束的一类多项式连续系统被动容错控制

## 4.1　引言

本章针对执行器饱和约束下多项式非线性系统研究优化性能的被动容错控制方法.被动容错控制系统的设计方法,是在系统正常工作状态和系统故障状态下,设计相同的控制器以达到容忍故障的要求.容错控制系统的目的是在元器件发生故障的情况下,保证当前系统的稳定性和尽可能地维持系统性能到理想水平.但在保证系统稳定性的同时,有时不得不降低系统性能来作为折中.对于线性系统的容错控制研究,现有文献中已有相关的方法给出了被动容错控制器的设计方法[213-214].需要特别指出的是,基于经典线性系统控制理论中的代数 Riccati 方程方法[215]的容错控制器设计方法在文献中得到了系统的发展,故障状态下系统的闭环稳定性和性能得到了保证.尤其是文献[216-217]给出了基于

迭代 LMI 方法的容错控制设计方法,该方法不仅能保证稳定性,同时还能够优化系统在正常工作状态以及故障状态下的性能.由于这一特点,使得该方法能够最大限度地保持系统的性能.本章将把这一思想借鉴到非线性系统的被动容错控制研究当中.

在分析带有饱和约束的被动容错控制的性能时,使用传统的控制思路的设计者往往受到如下问题的困扰:在饱和约束下,当考虑附加的容忍故障的要求时,调整原控制机构或者重建类似的控制机构总是受到来自元器件故障的影响,而无法在原控制方法基础上设计容错机制.这意味着在设计控制策略之初设计者必须为额外的容错性能设计留有足够的空间,并在此基础上,设计出高性能要求的容错控制器.由于具有带有饱和约束的非线性系统的最优控制器设计往往归结为极难求解的受约束下 Hamilton-Jacobi-Isaac 偏微分方程,这就使得在求解受约束下 Hamilton-Jacobi-Isaac 偏微分方程的同时考虑容错控制设计变得更加困难.本章力图针对一类非线性系统发展一种行之有效的数值计算方法以求解 Hamilton-Jacobi-Isaac 偏微分方程,进而解决性能优化的容错控制器设计问题.

本章考虑的系统模型是一类用多项式描述的非线性系统,其系统矩阵的元素为系统状态的多项式函数.本章采用了和文献[218]相同的多模型方法来建立故障模型.为了把饱和约束下容错控制器设计问题转化为半定规划问题(SDP),本章引入了一个指标来刻画非线性项的影响,并将其与保性能指标和 L2 优化指标结合,使原始问题转化为多目标优化问题,并归结为求解一组状态依赖(state-dependent)的线性多项式矩阵不等式.进一步,本章采用平方和优化方法对其进行求解.与现有的带饱和约束下非线性系统的方法[219,220]相比较,平方和优化方法可以给出较少保守性的放缩求解方法[220].而本书给出的解决方案是一类半定规划优化算法,由于其形式上是凸的,因而不需要多次迭代来进行求解,具有更高的可靠性.最后数值算例和仿真结果说明了所给出的非线性系统的容错控制设计方法的可行性和有效性.本书的工作同时也可以看作文献[221]的一种推广,因为本书考虑了带有输入约束下的非线性系统,同时又考虑了额外的控制性能.

# 4.2 执行器带有饱和约束的状态反馈镇定容错控制器设计

本章使用的方法是多元多项式的平方和分解.对于一个多元多项式 $f(x)$ ($x\in R^n$)而言,$f_1(x),\cdots,f_m(x)$使得 $f(x)=\sum_{i=1}^{m} f_i^2(x)$ 是一个平方和.这可以等价地被陈述为下面的一种二次形式.

**引理 4.1** 设 $f(x)$是一个 $2d$ 阶的多项式,其中 $x\in R^n$.另外,设 $\boldsymbol{Z}(x)$是一个列向量,它是 $x$ 的首 1 多项式,并且阶数不超过 $d$.那么 $f(x)$是一个平方和,当且仅当存在一个正的半定矩阵 $\boldsymbol{Q}$ 使得

$$f(x)=\boldsymbol{Z}^{\mathrm{T}}(x)\boldsymbol{Q}\boldsymbol{Z}(x) \tag{4.1}$$

**证明** 见文献[222].

在这篇文章里面,用上面的方法来求解下面的所谓状态依赖的线性多项式矩阵不等式. 本质上这样的多项式是一个无穷维的凸规划问题:

$$\begin{aligned} &\text{minimize} \quad \sum_{i=1}^{m}\boldsymbol{a}_i\boldsymbol{c}_i \\ &\text{s.t.} \quad F_0(x)+\sum_{i=1}^{m}\boldsymbol{c}_i\boldsymbol{F}_i(x)\geqslant 0 \end{aligned} \tag{4.2}$$

这里 $\boldsymbol{a}_i$ 是未知的固定的实系数,$\boldsymbol{c}_i$ 是决策变量,$\boldsymbol{F}_i(x)$是未知的 $x\in R^n$ 的对称矩阵函数.不等式(4.2)意味着不等式左边关于所有的 $x\in R^n$ 是正半定的.求解上面优化问题相当于解一个无穷的多项式不等式集合,基本上没有有效的求解工具.但是当 $\boldsymbol{F}_i(x)$是关于 $x$ 的对称多项式矩阵时,平方和分解可以提供一个有效的放松的条件,这个放松的条件在下面的性质中所述.

**引理 4.2** 设 $\boldsymbol{F}(x)$是一个 $N\times N$ 的对称矩阵多项式,每个系数的阶数不超过 $2d$,其中 $x\in R^n$.进一步,设 $\boldsymbol{Z}(x)$一个列向量,它的每一个元素 $x$ 都是多项式,阶数不超过 $d$,下面几个陈述成立:

(1) $\boldsymbol{F}(x)\geqslant\boldsymbol{0}$ 对所有的 $x\in R^n$,

(2) $\boldsymbol{v}^{\mathrm{T}}\boldsymbol{F}(x)\boldsymbol{v}$ 是一个平方和分解，其中 $\boldsymbol{v}\in R^{N}$，

(3) 存在一个正的半定矩阵 $\boldsymbol{Q}$，

使得 $\boldsymbol{v}^{\mathrm{T}}\boldsymbol{F}(x)\boldsymbol{v}=(\boldsymbol{v}\otimes\boldsymbol{Z}(x))^{\mathrm{T}}\boldsymbol{Q}(\boldsymbol{v}\otimes\boldsymbol{Z}(x))$，其中$\otimes$记为 Kronecker 积.
那么(1)$\Leftarrow$(2)且(2)$\Leftrightarrow$(3).

**证明**　见文献[223].

### 4.2.1　系统形式及问题描述

考虑如下非线性方程组

$$\begin{bmatrix}\dot{\boldsymbol{x}}\\ \boldsymbol{z}_1\\ \boldsymbol{z}_2\end{bmatrix}=\begin{bmatrix}\boldsymbol{A}(x) & \boldsymbol{B}_w(x) & \boldsymbol{B}_u(x)\\ \boldsymbol{C}_1(x) & \boldsymbol{0} & \boldsymbol{0}\\ \boldsymbol{C}_2(x) & \boldsymbol{0} & \boldsymbol{I}_{M2}\end{bmatrix}\begin{bmatrix}\boldsymbol{Z}(x)\\ \boldsymbol{w}\\ \boldsymbol{u}\end{bmatrix}$$

其中 $\boldsymbol{x}\in R^{n}$，$\boldsymbol{z}_1\in R^{n_1}$，$\boldsymbol{z}_2\in \boldsymbol{R}^{n_2}$ 并且 $\boldsymbol{Z}(x)$，$\boldsymbol{w}$，$\boldsymbol{u}$ 是关于 $x$ 的向量单项式，它有对应的分解：$N\times1$，$M_1\times1$，$M_2\times1$.$\boldsymbol{A}(x)$，$\boldsymbol{B}_u(x)$，$\boldsymbol{B}_w(x)$，$\boldsymbol{C}_1(x)$，$\boldsymbol{C}_2(x)$是具有适当维数 $\boldsymbol{Z}(x)$的多项式矩阵，并且 $\boldsymbol{Z}(x)$满足下面的假设.

**假设 4.1**　$\boldsymbol{Z}(x)=0$，如果 $x=0$.

另外，定义 $\boldsymbol{M}(x)$是 $N\times n$ 多项式矩阵，它的第$(i,j)$项由 $M_{ij}(x)=\dfrac{\partial Z}{\partial x_j}(x)$给出，其中 $i=1,\cdots,N$，$j=1,\cdots,N$.设 $\boldsymbol{A}_j(x)$为 $\boldsymbol{A}(x)$的第 $j$ 行，$\boldsymbol{B}_{uj}(x)$为 $\boldsymbol{B}_u(x)$的第 $j$ 行，$\boldsymbol{B}_{wj}(x)$为 $\boldsymbol{B}_w(x)$的第 $j$ 行.

为了明确地叙述容错控制问题，下面引用由文献[6]给出的具有输入饱和的多模容错模型：

$$u_{ij}^{F}(t)=\rho_i^k\sigma(u_i(t)),\rho_i^k\in[\underline{\rho}_i^k,\bar{\rho}_i^k],\bar{\rho}_i^k>\underline{\rho}_i^k\geqslant0,$$

$$i=1,\cdots,M_2,j=1,\cdots,L$$

$$\sigma(u_i(t))=\begin{cases}u_i(t), & |u_i(t)|\leqslant u_i(t)^{\max}\\ \operatorname{sign}(u_i(t))u_i^{\max}, & |u_i(t)|>u_i(t)^{\max}\end{cases}$$

其中 $u_{ij}^{F}(t)$表示来自第 $i$ 个执行器发生第 $k$ 个故障模式，$\rho_i^k$ 是未知的常数，指数 $k$ 表示第 $k$ 个故障模式，那么 $L$ 是故障模式的总数.对于每个故障模式而言，$\bar{\rho}_i^k$ 和 $\underline{\rho}_i^k$ 对应地是表示 $\underline{\rho}_i^k\underline{\rho}_i^k$ 的上下界.注意，当 $\underline{\rho}_i^k\bar{\rho}_i^k=\bar{\rho}_i^k=1$ 时，对于第 $i$ 个执行器 $u_i$ 不存在故障，当 $0\leqslant\underline{\rho}_i^k\leqslant\bar{\rho}_i^k<1$ 时发生第 $k$ 个故障，因此执行器故障的种类发生了失效的故障.记

$$\boldsymbol{u}_k^F(t)=[u_{1k}^F(t),u_{2k}^F(t),\cdots,u_{M2k}^F(t)]^{\mathrm{T}}=\boldsymbol{\rho}^k\boldsymbol{u}(t)$$

其中 $\boldsymbol{\rho}^k=\mathrm{diag}[\rho_1^k,\rho_2^k,\cdots,\rho_{M_2}^k]$，$k=1,\cdots,L$.考虑下界和上界 $\underline{\rho}_i^k$ 和 $\bar{\rho}_i^k$，下面的集合可以被定义 $N_{\rho^k}=\{\rho^k \mid \boldsymbol{\rho}^k=\mathrm{diag}[\rho_1^k,\rho_2^k,\cdots,\rho_{M_2}^k],\rho_i^k=\underline{\rho}_i^k$ 或者 $\rho_i^k=\bar{\rho}_i^k\}$.这个集合 $N_{\rho^k}$ 包含了 $2^{M_2}$ 个元素.为了下面几章叙述方便，对于所有可能的故障模式，统一用执行器故障模式进行表达：

$$\boldsymbol{u}^F(t)=\boldsymbol{\rho}\boldsymbol{u}(t),\boldsymbol{\rho}\in\{\rho^1,\cdots,\rho^L\}. \tag{4.3}$$

其中 $\boldsymbol{\rho}=\mathrm{diag}[\rho^1,\rho^2,\cdots,\rho^{M_2}]$.

因此，具有执行器容错模型(4.3)的动态模型被描述为：

$$\begin{bmatrix}\dot{\boldsymbol{x}}\\ \boldsymbol{z}_1\\ \boldsymbol{z}_2\end{bmatrix}=\begin{bmatrix}\boldsymbol{A}(x) & \boldsymbol{B}_w(x) & \boldsymbol{B}_u(x)\\ \boldsymbol{C}_1(x) & \boldsymbol{0} & \boldsymbol{0}\\ \boldsymbol{C}_2(x) & \boldsymbol{0} & \boldsymbol{I}\end{bmatrix}\begin{bmatrix}\boldsymbol{Z}(x)\\ \boldsymbol{w}\\ \rho\boldsymbol{u}\end{bmatrix}$$

其中 $\boldsymbol{\rho}\in\{\rho^1,\cdots,\rho^L\}$.

本章将提出一种状态反馈的容错控制器，它针对的是闭环系统能够在故障的情况下保证事先给定的 $H_\infty$ 的性能.

### 4.2.2 容错镇定控制器设计

**引理 4.3** 对于一个对称的多项式矩阵 $\boldsymbol{P}(x)$，它对所有的 $x$ 都是非奇异的，我们有

$$\frac{\partial \boldsymbol{P}}{\partial x_j}=-\boldsymbol{P}(x)\frac{\partial \boldsymbol{P}^{-1}}{\partial x_j}(x)\boldsymbol{P}(x) \tag{4.4}$$

**证明** 由于 $\boldsymbol{P}(x)$是非奇异的，我们有 $\boldsymbol{P}(x)\boldsymbol{P}^{-1}(x)=\boldsymbol{I}$.方程两边对 $x_i$ 求导，那么$\dfrac{\partial \boldsymbol{P}}{\partial x_j}\boldsymbol{P}^{-1}(x)+\boldsymbol{P}(x)\dfrac{\partial \boldsymbol{P}^{-1}}{\partial x_j}(x)=0$，并且可以立刻得到式(4.4).

证毕.

**假设 4.2** $B_w(x)=0$，不是关于 $z_1,z_2$ 和干扰 $w$ 的方程组(4.4)被写成

$$\dot{\boldsymbol{x}}=\boldsymbol{A}(x)\boldsymbol{Z}(x)+\boldsymbol{B}_u(x)\boldsymbol{u}. \tag{4.5}$$

**引理 4.4** 设 $\boldsymbol{u},\boldsymbol{v}\in R^m$，并且 $\boldsymbol{u}=[u_1,u_2,\cdots,u_m]^{\mathrm{T}}$，$\boldsymbol{v}=[v_1,v_2,\cdots,v_m]^{\mathrm{T}}$.假设$|v_i|\leqslant 1$ 对所有的 $i\in I[1,m]$.那么，$\sigma(u)\in \mathrm{co}\{D_iu+D_i^-v:i\in I\in[0,2^m-1]\}$，其中 co 被记为凸包.

**引理 4.5** 设 $x\in k(x(t))$.对于每个 $i\in I[1,m]$，设

$$\eta_i(x(t))=\begin{cases}1, & \text{如果 } K(_xP^{-1}(x)Z(x)=H(_xP^{-1}(x)Z(x),\\ \dfrac{\sigma(K\ (x(t))_i-H\ (x)_i)P^{-1}(x)Z(x(t))}{K\ (x(t))_i-H\ (x)_i)P^{-1}(x)Z(x(t)}, & \end{cases}$$

否则记

$$S_1=\boldsymbol{P}(x)\boldsymbol{A}^{\mathrm{T}}(x)\boldsymbol{M}^{\mathrm{T}}(x)+\boldsymbol{M}(x)\boldsymbol{A}(x)\boldsymbol{P}(x)+[\boldsymbol{K}^{\mathrm{T}}(x)\boldsymbol{D}_i^{\mathrm{T}}+\boldsymbol{H}^{\mathrm{T}}\boldsymbol{D}_i^{-T}](x)\boldsymbol{B}_{\boldsymbol{u}}^{\mathrm{T}}(x)\boldsymbol{M}^{\mathrm{T}}(x)+\boldsymbol{M}(x)\boldsymbol{B}_{\boldsymbol{u}}(x)[\boldsymbol{D}_i\boldsymbol{K}(x)+\boldsymbol{D}_i^{-}\boldsymbol{H}(x)]-\sum_{j=1}^{n}\frac{\partial \boldsymbol{P}}{\partial x_j}(x)(\boldsymbol{A}_j\boldsymbol{Z}(x)),$$

$$S_{\rho 1}=\boldsymbol{P}(x)\boldsymbol{A}^{\mathrm{T}}(x)\boldsymbol{M}^{\mathrm{T}}(x)+\boldsymbol{M}(x)\boldsymbol{A}(x)\boldsymbol{P}(x)+[\boldsymbol{K}^{\mathrm{T}}(x)\boldsymbol{D}_i^{\mathrm{T}}+\boldsymbol{H}^{\mathrm{T}}\boldsymbol{D}_i^{-T}]\rho\boldsymbol{B}_{\boldsymbol{u}}^{\mathrm{T}}(x)\boldsymbol{M}^{\mathrm{T}}(x)+\boldsymbol{M}(x)\boldsymbol{B}_{\boldsymbol{u}}(x)\rho[\boldsymbol{D}_i\boldsymbol{K}(x)+\boldsymbol{D}_i^{-}\boldsymbol{H}(x)]-\sum_{j=1}^{n}\frac{\partial \boldsymbol{P}}{\partial x_j}(x)(\boldsymbol{A}_j\boldsymbol{Z}(x)),$$

在 $\Phi_{\mathrm{sos}}$ 中定义了 $n$ 个变量的所有 SOS 的集合.我们进一步定义

$$k(C_{cl})\triangleq\{x\in R:|C_{clj}x|\leqslant 1,j\in I[1,m]\}$$

其中 $C_{clj}x$ 为 $C_{cl}x$ 的第 $j$ 行.

**定理 4.1**　对于每个方程组(4.5),假设存在一个 $N\times N$ 的对称多项式矩阵 $\boldsymbol{P}(x)$,一个 $M_2\times N$ 的对称多项式 $\boldsymbol{K}(x)$ 和一个 $M_3\times N$ 的对称多项式 $\boldsymbol{H}(x)$,一个常数 $\varepsilon_1\geqslant 0$ 和一个平方和 $\varepsilon_2$ 使得下面的表达式成立

$$\boldsymbol{v}_1^{\mathrm{T}}[\boldsymbol{P}(x)-\varepsilon_1\boldsymbol{I}_N]\boldsymbol{v}_1\in\Phi_{\mathrm{SOS}},\tag{4.6}$$

$$-\boldsymbol{v}^{\mathrm{T}}\left[\boldsymbol{S}_1-\sum_{j=1}^{n}\frac{\partial\boldsymbol{P}}{\partial x_j}(x)\boldsymbol{B}_{uj}[\boldsymbol{D}_i\boldsymbol{K}(x)+\boldsymbol{D}_i^{-}\boldsymbol{H}(x)]\times\boldsymbol{P}^{-1}(x)\boldsymbol{Z}(x)+\varepsilon_2(x)\boldsymbol{I}_N\right]\boldsymbol{v}\in\Phi_{\mathrm{SOS}}\tag{4.7}$$

$$-\boldsymbol{v}^{\mathrm{T}}\left[\boldsymbol{S}_{1\rho}-\sum_{j=1}^{n}\frac{\partial\boldsymbol{P}}{\partial x_j}(x)\boldsymbol{B}_{uj}\rho[\boldsymbol{D}_i\boldsymbol{K}(x)+\boldsymbol{D}_i^{-}\boldsymbol{H}(x)]\times\boldsymbol{P}^{-1}(x)\boldsymbol{Z}(x)+\varepsilon_2(x)\boldsymbol{I}_N\right]\boldsymbol{v}\in\Phi_{\mathrm{SOS}}$$

$$\rho\in\{\rho^1,\cdots,\rho^L\},x\neq 0\tag{4.8}$$

其中 $\boldsymbol{v}\in R^n$,那么是否具有容错控制的执行器闭环系统都是稳定的,并且容错控制系统的稳定性由方程组 $\boldsymbol{u}(x)=\boldsymbol{K}(x)\boldsymbol{P}^{-1}(x)\boldsymbol{Z}(x)$ 给出.

**证明**　由引理 4.1,具有 $x_k(\in Hx(t))$ 的饱和反馈控制器可以表达成

$$\sigma(\boldsymbol{K}(x)\boldsymbol{P}^{-1}(x)\boldsymbol{Z}(x))=\sum_{i=0}^{2m-1}\eta_i[\boldsymbol{D}_i\boldsymbol{K}(x)+\boldsymbol{D}_i^{-}\boldsymbol{H}(x)]\boldsymbol{P}^{-1}(x)\boldsymbol{Z}(x)$$

对于 $0\leqslant\eta_i\leqslant 1,i\in I[0,2^m-1]$,使得 $\sum_{i=0}^{2m-1}\eta_i=1$,那么下面的方程成立:

$$\rho\sigma(\boldsymbol{u}(t))=\sum_{i=0}^{2m-1}\eta_i[\rho\boldsymbol{D}_i\boldsymbol{K}(x)+\rho\boldsymbol{D}_i^{-}\boldsymbol{H}(x)]\boldsymbol{P}^{-1}(x)\boldsymbol{Z}(x)$$

$$=\sum_{i=0}^{2m-1}\rho\eta_i\left[\boldsymbol{D}_i\boldsymbol{K}(x)+\boldsymbol{D}_i^-\boldsymbol{H}(x)\right]\boldsymbol{P}^{-1}(x)\boldsymbol{Z}(x)$$

对于式(4.7)和式(4.8)存在解 $\boldsymbol{P}(x)$ 和 $\boldsymbol{K}(x)$.定义函数 $\boldsymbol{V}(x)$ 如下：

$$\boldsymbol{V}(x)=\boldsymbol{Z}^{\mathrm{T}}(x)\boldsymbol{P}^{-1}(x)\boldsymbol{Z}(x)$$

可以看出 $\boldsymbol{V}(x)$ 对于一个标准的闭环系统和稳定的故障系统是一个 Lyapunov 函数.

$$\dot{x}=\left[\boldsymbol{A}(x)+\boldsymbol{B}_u(x)\rho\sum_{i=0}^{2m-1}\eta_i\left[\boldsymbol{D}_i\boldsymbol{K}(x)+\boldsymbol{D}_i^-\boldsymbol{K}(x)\right]\boldsymbol{P}^{-1}(x)\right]\times\boldsymbol{Z}(x),$$

$$\rho\in\{\rho^1,\cdots,\rho^L\}$$

由引理 4.2,条件(4.6)意味着 $\boldsymbol{P}(x)$ 和 $\boldsymbol{P}^{-1}(x)$ 对所有的 $\boldsymbol{P}^{-1}(x)$ 都是正的,因此 $\boldsymbol{V}(x)$ 是 $x$ 的正函数,$\boldsymbol{V}(x)$ 的导数沿着闭环轨迹由下面的式子给出：

$$\begin{aligned}\frac{\mathrm{d}V}{\mathrm{d}t}(x(t))=\boldsymbol{Z}^{\mathrm{T}}(x)&\left[\sum_{j=1}^{n}\frac{\partial\boldsymbol{P}^{-1}}{\partial x_j}\boldsymbol{A}_j\boldsymbol{Z}(x)+\boldsymbol{B}_{uj}\sum_{i=0}^{2m-1}\eta_i\left[\boldsymbol{D}_i\boldsymbol{K}(x)+\boldsymbol{D}_i^-\boldsymbol{H}(x)\right]\boldsymbol{P}^{-1}(x)\boldsymbol{Z}(x)\right]+\\&\left[\boldsymbol{A}(x)+\boldsymbol{B}_u(x)\sum_{i=0}^{2m-1}\eta_i\left[\boldsymbol{D}_i\boldsymbol{K}(x)+\boldsymbol{D}_i^-\boldsymbol{H}(x)\right]\boldsymbol{P}^{-1}(x)\right]^{\mathrm{T}}\boldsymbol{M}^{\mathrm{T}}(x)\boldsymbol{P}^{-1}(x)+\\&\boldsymbol{P}^{-1}(x)\boldsymbol{M}^{\mathrm{T}}(x)\left[\boldsymbol{A}(x)+\boldsymbol{B}_u(x)\sum_{i=0}^{2m-1}\eta_i\left[\boldsymbol{D}_i\boldsymbol{K}(x)+\boldsymbol{D}_i^-\boldsymbol{H}(x)\right]\boldsymbol{P}^{-1}(x)\right]\boldsymbol{Z}(x)\end{aligned}\tag{4.9}$$

$$\begin{aligned}\frac{\mathrm{d}V}{\mathrm{d}t}(x(t))=\boldsymbol{Z}^{\mathrm{T}}(x)&\left[\sum_{j=1}^{n}\frac{\partial\boldsymbol{P}^{-1}}{\partial x_j}\boldsymbol{A}_j\boldsymbol{Z}(x)+\boldsymbol{B}_{uj}\rho\sum_{i=0}^{2m-1}\eta_i\left[\boldsymbol{D}_i\boldsymbol{K}(x)+\boldsymbol{D}_i^-\boldsymbol{H}(x)\right]\boldsymbol{P}^{-1}(x)\boldsymbol{Z}(x)\right]+\\&\left[\boldsymbol{A}(x)+\boldsymbol{B}_u(x)\rho\sum_{i=0}^{2m-1}\eta_i\left[\boldsymbol{D}_i\boldsymbol{K}(x)+\boldsymbol{D}_i^-\boldsymbol{H}(x)\right]\boldsymbol{P}^{-1}(x)\right]^{\mathrm{T}}\boldsymbol{M}^{\mathrm{T}}(x)\boldsymbol{P}^{-1}(x)+\\&\boldsymbol{P}^{-1}(x)\boldsymbol{M}^{\mathrm{T}}(x)\left[\boldsymbol{A}(x)+\boldsymbol{B}_u(x)\rho\sum_{i=0}^{2m-1}\eta_i\left[\boldsymbol{D}_i\boldsymbol{K}(x)+\boldsymbol{D}_i^-\boldsymbol{H}(x)\right]\boldsymbol{P}^{-1}(x)\right]\boldsymbol{Z}(x)\end{aligned}\tag{4.10}$$

这样式(4.9)和(4.10)意味着

$$\boldsymbol{P}(x)\boldsymbol{A}^{\mathrm{T}}(x)\boldsymbol{M}^{\mathrm{T}}(x)+\boldsymbol{M}(x)\boldsymbol{A}(x)\boldsymbol{P}(x)+\sum_{i=0}^{2m-1}\eta_i\left[\boldsymbol{D}_i\boldsymbol{K}(x)+\boldsymbol{D}_i^-\boldsymbol{H}(x)\right]$$

$$\boldsymbol{B}_u^{\mathrm{T}}(x)\boldsymbol{M}^{\mathrm{T}}(x)+\boldsymbol{M}(x)\boldsymbol{B}_u(x)\sum_{i=0}^{2m-1}\eta_i\left[\boldsymbol{D}_i\boldsymbol{K}(x)+\boldsymbol{D}_i^-\boldsymbol{H}(x)\right]-$$

$$\sum_{j=1}^{n}\frac{\partial\boldsymbol{P}^{-1}}{\partial x_j}(\boldsymbol{A}_j\boldsymbol{Z}(x)+\boldsymbol{B}_{uj}\boldsymbol{K}(x)\boldsymbol{P}^{-1}(x)\boldsymbol{Z}(x)),$$

$$\boldsymbol{P}(x)\boldsymbol{A}^{\mathrm{T}}(x)\boldsymbol{M}^{\mathrm{T}}(x)+\boldsymbol{M}(x)\boldsymbol{A}(x)\boldsymbol{P}(x)+\sum_{i=0}^{2m-1}\eta_i\left[\boldsymbol{D}_i\boldsymbol{K}(x)+\boldsymbol{D}_i^-\boldsymbol{H}(x)\right]$$

$$\rho \boldsymbol{B}_u^{\mathrm{T}}(x)\boldsymbol{M}^{\mathrm{T}}(x)+\boldsymbol{M}(x)\boldsymbol{B}_u(x)\rho\sum_{i=0}^{2m-1}\eta_i\left[\boldsymbol{D}_i\boldsymbol{K}(x)+\boldsymbol{D}_i^{-}\boldsymbol{H}(x)\right]$$

对所有的 $x$ 上式是负定的.最后一个表达式左右乘以 $\boldsymbol{P}^{-1}(x)$,并且使用引理 4.1 中的结果,我们得到的所有的(4.9)和(4.10)中方括号中的项是负定的,因此 $\frac{\mathrm{d}V}{\mathrm{d}t}(x(t))$ 是非正的.这说明具有执行器故障的闭环系统是稳定的.

证毕.

**注 4.1**　进一步,如果(4.7)和(4.8)成立,对于 $\varepsilon_2\geqslant 0$ 和 $x\neq 0$,那么零平衡是渐近稳定的,并且如果 $\boldsymbol{P}(x)$ 是一个常数矩阵,那么全局稳定性成立.

对于非线性项的存在性

$$-\sum_{j=1}^{n}\frac{\partial \boldsymbol{P}}{\partial x_j}(x)(\boldsymbol{B}_{uj}\left[\boldsymbol{D}_i\boldsymbol{K}(x)+\boldsymbol{D}_i^{-}\boldsymbol{H}(x)\right]\boldsymbol{P}^{-1}(x)\boldsymbol{Z}(x))-$$

$$\sum_{j=1}^{n}\frac{\partial \boldsymbol{P}}{\partial x_j}(x)(\boldsymbol{B}_{uj}\rho\left[\boldsymbol{D}_i\boldsymbol{K}(x)+\boldsymbol{D}_i^{-}\boldsymbol{H}(x)\right]\boldsymbol{P}^{-1}(x)\boldsymbol{Z}(x))$$

满足这些条件的 $\boldsymbol{V}(x)$ 和 $\boldsymbol{K}(x)$ 的集合不是同时凸的,因此想要同时找到 $\boldsymbol{V}(x)$ 和 $\boldsymbol{K}(x)$ 是困难的.下面的定理将前面提到的问题转化成一个半定问题.

记

$$\varphi(x)=\left[\boldsymbol{v}^{\mathrm{T}}\frac{\partial \boldsymbol{P}(x)}{\partial x_1}\boldsymbol{v},\boldsymbol{v}^{\mathrm{T}}\frac{\partial \boldsymbol{P}(x)}{\partial x_2}\boldsymbol{v},\cdots,\boldsymbol{v}^{\mathrm{T}}\frac{\partial \boldsymbol{P}(x)}{\partial x_n}\boldsymbol{v}\right]$$

**定理 4.2**　对于每个方程组(4.5),假设存在一个 $N\times N$ 的对称多项式矩阵 $\boldsymbol{P}(x)$,一个 $n\times N$ 的对称多项式 $\boldsymbol{K}(x)$,一个常数 $\varepsilon_1\geqslant 0$ 和一个平方和 $\varepsilon_2$ 使得下面的 SOS 优化问题

$$\text{minimize } \gamma$$

$$\text{s.t}\qquad \boldsymbol{v}^{\mathrm{T}}\left[\boldsymbol{P}(x)-\varepsilon_1\boldsymbol{I}_N\right]\boldsymbol{v}\in\Phi_{\mathrm{SOS}}\tag{4.11}$$

$$\boldsymbol{v}_1\begin{bmatrix}\gamma & \varphi(x)\boldsymbol{B}_u(x)\\ \boldsymbol{B}_u^{\mathrm{T}}(x)\varphi^{\mathrm{T}}(x) & \boldsymbol{I}_{M2}\end{bmatrix}\boldsymbol{v}_1\in\Phi_{\mathrm{SOS}}\tag{4.12}$$

$$-\boldsymbol{v}^{\mathrm{T}}\left[\boldsymbol{S}_1+\varepsilon_2(x)\boldsymbol{I}_N\right]\boldsymbol{v}\in\Phi_{\mathrm{SOS}}\tag{4.13}$$

$$-\boldsymbol{v}^{\mathrm{T}}\left[\boldsymbol{S}_{1\rho}+\varepsilon_2(x)\boldsymbol{I}_N\right]\boldsymbol{v}\in\Phi_{\mathrm{SOS}}\tag{4.14}$$

对于

$$\rho\in\{\rho^1,\cdots,\rho^L\},\rho^K\in N_{\rho K},k=1,\cdots,L$$

有零最优值,其中 $\boldsymbol{u}\in R^N$,$\boldsymbol{v}\in R^{N+1}$,$\boldsymbol{v}$,$\boldsymbol{v}_1$ 相互独立的,$\boldsymbol{S}_1$ 和 $\boldsymbol{S}_{1\rho}$ 如定理 4.3 中定义.那么容错控制的状态反馈稳定性问题是可以求解的,并且容错控制系统的稳定性由方程组 $\boldsymbol{u}(x)=\boldsymbol{K}(x)\boldsymbol{P}^{-1}(x)\boldsymbol{Z}(x)$ 给出.

**证明**　注意方程(4.13)其中一项非线性项满足:

$$\boldsymbol{v}^{\mathrm{T}}\left[\sum_{j=1}^{n}\frac{\partial \boldsymbol{P}}{\partial x_j}(x)(\boldsymbol{B}_{uj}[\boldsymbol{D}_i\boldsymbol{K}(x)+\boldsymbol{H}(x)]\boldsymbol{P}^{-1}(x)\boldsymbol{Z}(x))\right]\boldsymbol{v}$$

$$=\sum_{j=1}^{n}(\boldsymbol{v}^{\mathrm{T}}\frac{\partial \boldsymbol{P}}{\partial x_j}\boldsymbol{v})(\boldsymbol{B}_{uj}[\boldsymbol{D}_i\boldsymbol{K}(x)+\boldsymbol{H}(x)]\boldsymbol{P}^{-1}(x)\boldsymbol{Z}(x))$$

$$=\boldsymbol{\varphi}(x)\boldsymbol{B}_u(x)[\boldsymbol{D}_i\boldsymbol{K}(x)+\boldsymbol{H}(x)]\boldsymbol{P}^{-1}(x)\boldsymbol{Z}(x).$$

另一项等价于 $\boldsymbol{\varphi}(x)\boldsymbol{B}_u(x)\rho\boldsymbol{K}(x)\boldsymbol{P}^{-1}(x)\boldsymbol{Z}(x),\rho\in\{\rho^1,\cdots,\rho^L\}$.

由 Schur 补定理

$$\begin{bmatrix}\gamma & \boldsymbol{\varphi}(x)\boldsymbol{B}_u(x)\\ \boldsymbol{B}_u^{\mathrm{T}}(x)\boldsymbol{\varphi}^{\mathrm{T}}(x) & \boldsymbol{I}_{M2}\end{bmatrix}\geqslant 0 \tag{4.15}$$

意味着$(\boldsymbol{\varphi}(x)\boldsymbol{B}_u^{\mathrm{T}}(x))(\varphi(x)\boldsymbol{B}_u^{\mathrm{T}}(x))^{\mathrm{T}}\leqslant\gamma$.可以看出 $\gamma$ 是非负的.如果 $\gamma$ 的最小值是零,那么 $\boldsymbol{\varphi}(x)\boldsymbol{B}_u^{\mathrm{T}}(x)=0$,它可以使两个非线性项消失.由引理 4.3,它满足(4.12)是(4.15)的放松的平方和形式.因此,公式(4.8)可以转化凸面约束下(4.14).

证毕.

**注 4.2** 如果 $\gamma$ 的最优值不是零,由式(4.13)和(4.14),利用赫尔德不等式可知:

$$-\boldsymbol{v}^{\mathrm{T}}\boldsymbol{S}_1\boldsymbol{v}+\varphi(x)\boldsymbol{B}_u\boldsymbol{u}\geqslant\varepsilon_2(x)\boldsymbol{v}^{\mathrm{T}}\boldsymbol{v}+\varphi(x)\boldsymbol{B}_u\boldsymbol{u}\geqslant$$
$$\varepsilon_2(x)\boldsymbol{v}^{\mathrm{T}}\boldsymbol{v}-\sqrt{((\varphi(x)\boldsymbol{B}_u\boldsymbol{u})(\varphi(x)\boldsymbol{B}_u\boldsymbol{u}))^{\mathrm{T}}\boldsymbol{u}^{\mathrm{T}}\boldsymbol{u}}$$
$$-\boldsymbol{v}^{\mathrm{T}}\boldsymbol{S}_1\boldsymbol{v}+\varphi(x)\boldsymbol{B}_u\rho\boldsymbol{u}\geqslant\varepsilon_2(x)\boldsymbol{v}^{\mathrm{T}}\boldsymbol{v}+\varphi(x)\boldsymbol{B}_u\rho\boldsymbol{u}\geqslant$$
$$\varepsilon_2(x)\boldsymbol{v}^{\mathrm{T}}\boldsymbol{v}-\sqrt{((\varphi(x)\boldsymbol{B}_u\boldsymbol{u})(\varphi(x)\boldsymbol{B}_u\boldsymbol{u}))^{\mathrm{T}}\boldsymbol{u}^{\mathrm{T}}\rho^{\mathrm{T}}\rho\boldsymbol{u}}$$

其中 $\boldsymbol{u}$ 和 $\boldsymbol{v}$ 由相应定理中 SOS 最优值计算.可以看出如果

$$\boldsymbol{u}^{\mathrm{T}}\boldsymbol{u}\leqslant\frac{\varepsilon_2^2(x)\ (\boldsymbol{v}^{\mathrm{T}}\boldsymbol{v})^2}{\max\ \{\bar{\rho}_i^k\}^2\gamma} \tag{4.16}$$

成立,我们也可以得到相同的结果,因此式(4.16)也可以作为一个区别 $\gamma$ 的条件.当输入 $\boldsymbol{u}$ 和 $\gamma$ 满足式(4.16)时,容错控制策略的目标被加入.可以看出,如果 $\gamma$ 接近零,式(4.16)显然满足.

**注 4.3** 在文献[221]中,为了将约束下(4.7)和(4.8)转化为线性的,需要假设$\boldsymbol{B}_u(x)$有一些零行并且只依赖于 $\boldsymbol{B}_u(x)$中对应行的状态 $\tilde{\boldsymbol{x}}$ 的 $\boldsymbol{P}(x)$值是零,因此,$\tilde{\boldsymbol{x}}$ 不是直接受控制输入的影响,它对改进故障情况下控制策略的可靠性不是敏感的(见例子).所以前面提到的结果可以看成文献[221]的推广.

# 4.3 执行器带有饱和约束的状态反馈最优容错控制器设计

## 4.3.1 系统形式及问题描述

考虑如下非线性方程组

$$\begin{bmatrix}\dot{\boldsymbol{x}}\\ \boldsymbol{z}_1\\ \boldsymbol{z}_2\end{bmatrix}=\begin{bmatrix}\boldsymbol{A}(x) & \boldsymbol{B}_w(x) & \boldsymbol{B}_u(x)\\ \boldsymbol{C}_1(x) & \boldsymbol{0} & \boldsymbol{0}\\ \boldsymbol{C}_2(x) & \boldsymbol{0} & \boldsymbol{I}_{M2}\end{bmatrix}\begin{bmatrix}\boldsymbol{Z}(x)\\ \boldsymbol{w}\\ \boldsymbol{u}\end{bmatrix}$$

其中 $\boldsymbol{x}\in R^n,\boldsymbol{z}_1\in R^{n_1},\boldsymbol{z}_2\in R^{n2}$ 并且 $\boldsymbol{Z}(x),\boldsymbol{w},\boldsymbol{u}$ 是关于 $x$ 的向量单项式，它有对应的分解：$N\times1,M_1\times1,M_2\times1$.$\boldsymbol{A}(x),\boldsymbol{B}_u(x),\boldsymbol{B}_w(x),\boldsymbol{C}_1(x),\boldsymbol{C}_2(x)$是具有适当维数 $x$ 的多项式矩阵，并且 $\boldsymbol{Z}(x)$满足下面的假设.

**假设 4.3**　$\boldsymbol{Z}(x)=0$，如果 $x=0$.

另外，定义 $\boldsymbol{M}(x)$是 $N\times n$ 多项式矩阵，它的第$(i,j)$项由 $\boldsymbol{M}_{ij}(x)=\dfrac{\partial \boldsymbol{Z}}{\partial x_j}(x)$给出，其中 $i=1,\cdots,N,j=1,\cdots,N$.设 $\boldsymbol{A}_j(x)$为 $\boldsymbol{A}(x)$的第 $j$ 行，$\boldsymbol{B}_{uj}(x)$为 $\boldsymbol{B}_u(x)$的第 $j$ 行，$\boldsymbol{B}_{wj}(x)$为 $\boldsymbol{B}_w(x)$的第 $j$ 行.

为了明确地叙述容错控制问题，下面由文献[6]给出的具有输入饱和的多模容错模型在本书中被采用：

$$\boldsymbol{u}_{ij}^F(t)=\rho_i^k\sigma(u_i(t)),\rho_i^k\in[\underline{\rho}_i^k,\bar{\rho}_i^k],\bar{\rho}_i^k>\underline{\rho}_i^k\geqslant0,$$

$$i=1,\cdots,M_2;j=1,\cdots,L$$

$$\sigma(\boldsymbol{u}_i(t))=\begin{cases}\boldsymbol{u}_i(t), & |\boldsymbol{u}_i(t)|\leqslant\boldsymbol{u}_i(t)^{\max}\\ \operatorname{sign}(\boldsymbol{u}_i(t))\boldsymbol{u}_i^{\max}, & |\boldsymbol{u}_i(t)|>\boldsymbol{u}_i(t)^{\max}\end{cases}$$

其中 $\boldsymbol{u}_{ij}^F(t)$表示来自第 $i$ 个执行器发生第 $k$ 个故障模式，$\rho_i^k$ 是未知的常数，指数 $k$ 表示第 $k$ 个故障模式，那么 $L$ 是故障模式的总数.对于每个故障模式而言，$\bar{\rho}_i^k$ 和 $\underline{\rho}_i^k$ 对应地表示 $\rho_i^k$ 的上下界.注意，当 $\underline{\rho}_i^k=\bar{\rho}_i^k=1$ 时，对于第 $i$ 个执行器 $\boldsymbol{u}_i$

不存在故障，当 $0 \leqslant \underline{\rho}_i^k \leqslant \bar{\rho}_i^k < 1$ 时，发生第 $k$ 个故障，因此执行器故障的种类发生了失效的故障.记

$$\boldsymbol{u}_k^F(t) = [\boldsymbol{u}_{1k}^F(t), \boldsymbol{u}_{2k}^F(t), \cdots, \boldsymbol{u}_{M_2 k}^F(t)]^{\mathrm{T}} = \rho^k \boldsymbol{u}(t)$$

$$\boldsymbol{\rho}^k = \mathrm{diag}[\rho_1^k, \rho_2^k, \cdots, \rho_{M_2}^k], \quad k = 1, \cdots, L$$

考虑下界和上界 $\underline{\rho}_i^k$ 和 $\bar{\rho}_i^k$，下面的集合可以被定义 $N_{\rho^k} = \{\boldsymbol{\rho}^k \mid \boldsymbol{\rho}^k = \mathrm{diag}[\rho_1^k, \rho_2^k, \cdots, \rho_{M_2}^k], \rho_i^k = \underline{\rho}_i^k$ 或者 $\rho_i^k = \bar{\rho}_i^k\}$.这个集合 $N_{\rho^k}$ 包含了 $2^{M_2}$ 个元素.为了下面几章叙述方便，对于所有可能的故障模式，下面统一用执行器故障模式进行表达：

$$u^F(t) = \boldsymbol{\rho u}(t), \rho \in \{\rho^1, \cdots, \rho^L\} \tag{4.17}$$

其中 $\boldsymbol{\rho} = \mathrm{diag}[\rho^1, \rho^2, \cdots, \rho^{M_2}]$.

因此，具有执行器容错模型(3)的动态模型被描述为：

$$\begin{bmatrix} \dot{\boldsymbol{x}} \\ \boldsymbol{z}_1 \\ \boldsymbol{z}_2 \end{bmatrix} = \begin{bmatrix} \boldsymbol{A}(x) & \boldsymbol{B}_w(x) & \boldsymbol{B}_u(x) \\ \boldsymbol{C}_1(x) & \boldsymbol{0} & \boldsymbol{0} \\ \boldsymbol{C}_2(x) & \boldsymbol{0} & \boldsymbol{I} \end{bmatrix} \begin{bmatrix} \boldsymbol{Z}(x) \\ \boldsymbol{w} \\ \rho \boldsymbol{u} \end{bmatrix}$$

其中 $\boldsymbol{\rho} \in \{\rho^1, \cdots, \rho^L\}$.

本书提出一种状态反馈的容错控制器，它针对的是闭环系统能够在故障的情况下保证事先给定的 $H_\infty$ 的性能.下面，我们将考虑非线性最优控制问题，它是线性正交控制(LQR)问题到非线性环境的推广.对于非线性最优控制问题的精确解需要解一个 Hamilton-Jacobi-Isaac 的偏微分方程.凭借次优化，可以得到基于状态依赖 LMIs 的解[34].通过解这些 LMIs 可以得到一个 Lyapunov 函数，它将在最优情况下提供一个上界.我们考虑没有干扰 $\boldsymbol{w}(\boldsymbol{B}_w = 0)$ 的系统满足如下形式：

$$\begin{bmatrix} \dot{\boldsymbol{x}} \\ \boldsymbol{z}_1 \\ \boldsymbol{z}_2 \end{bmatrix} = \begin{bmatrix} \boldsymbol{A}(x) & \boldsymbol{B}_u(x) \\ \boldsymbol{C}_1(x) & \boldsymbol{0} \\ \boldsymbol{C}_2(x) & \boldsymbol{I}_{M_2} \end{bmatrix} \begin{bmatrix} \boldsymbol{Z}(x) \\ \boldsymbol{u} \end{bmatrix}, \boldsymbol{x}(0) = \boldsymbol{x}_0 \tag{4.18}$$

其中 $\boldsymbol{Z}(x)$ 是满足假设(4.3)的单项式向量，我们进一步假设当 $\boldsymbol{x} \neq \boldsymbol{0}$ 时，$\boldsymbol{C}_1(x)$ 不恒等于零.目标是设计一个状态反馈率 $\boldsymbol{u} = \boldsymbol{K}(x)\boldsymbol{Z}(x)$ 使得闭环系统是渐进稳定的并且使得下面表示的目标是最小值.

$$\|\boldsymbol{z}\|_2^2 = \int_0^\infty [\boldsymbol{z}_1^2(t) + \boldsymbol{z}_2^2(t)]\,\mathrm{d}t$$

在 4.3.2 里，容错控制执行器被设计成闭环系统来保证渐进稳定性.

### 4.3.2 最优容错控制器设计

根据假设 $\boldsymbol{B}_w(x) = 0$，不是关于 $\boldsymbol{z}_1, \boldsymbol{z}_2$ 和干扰 $\boldsymbol{w}$ 的方程组(4.18)被写成

$$\dot{x}=A(x)Z(x)+B_u(x)u. \tag{4.19}$$

记

$$\rho^{*k}=\mathrm{diag}[(\rho_1^k)^2,(\rho_2^k)^2,\cdots,(\rho_{M_2}^k)^2],k=1,\cdots,L$$

$$B_u^*(x)=D_iB_u(x),\quad M^*(x)=M(x)D_i^{\mathrm{T}},$$

$$C_u^*(x)=D_iC_2(x)+D_i^-H(x),$$

$$S_2=M^*(x)\hat{A}(x)P(x)+P(x)\hat{A}^{\mathrm{T}}(x)M^{*\mathrm{T}}(x)-M^*(x)B_u^*(x)B_u^{*\mathrm{T}}M^*(x)-\sum_{j=1}^{n}\frac{\partial P}{\partial x_j}(x)(A_jZ(x)),$$

$$S_{2\rho}=M^*(x)\hat{A}_\rho(x)P(x)+P(x)\hat{A}_\rho^{\mathrm{T}}(x)M^{*\mathrm{T}}(x)-M^*(x)B_u^*(x)B_u^{*\mathrm{T}}M^*(x)-\sum_{j=1}^{n}\frac{\partial P}{\partial x_j}(x)(A_jZ(x)),$$

其中 $\hat{A}(x)=A(x)-B_u^*(x)C_2^*(x)$，$\hat{A}_\rho(x)=A(x)-B_u^*(x)\rho C_2^*(x)$.

**定理4.3** 假设存在一个 $N\times N$ 的对称多项式矩阵 $P(x)$，一个 $M_2\times N$ 的对称多项式 $K(x)$ 和一个 $M_3\times N$ 的对称多项式 $H(x)$，一个常数 $\varepsilon_1\geqslant 0$ 和一个平方和 $\varepsilon_2(\varepsilon_2>0)$ 对于 $x\neq 0$ 使得下面SOS规划

$$\text{minimize } \gamma+\mathrm{Track}(W)$$

s.t.

$$v_1^{\mathrm{T}}[P(x)-\varepsilon_1 I_N]v_1\in\Phi_{\mathrm{SOS}}, \tag{4.20}$$

$$\begin{bmatrix}v_1\\v_2\end{bmatrix}^{\mathrm{T}}\begin{bmatrix}W & I_N\\ I_N & P(x_0)\end{bmatrix}\begin{bmatrix}v_1\\v_2\end{bmatrix}\in\Phi_{\mathrm{SOS}}, \tag{4.21}$$

$$v_3\begin{bmatrix}\gamma & \varphi(x)B_u^{*\mathrm{T}}(x)\\ B_u^*(x)\varphi^{\mathrm{T}}(x) & I_N\end{bmatrix}v_3\in\Phi_{\mathrm{SOS}}, \tag{4.22}$$

$$-\begin{bmatrix}v_1\\v_4\end{bmatrix}^{\mathrm{T}}\begin{bmatrix}S_2+\varepsilon_2(x)I_N & P(x)C_1^{\mathrm{T}}(x)\\ C_1(x)P(x) & -(1-\varepsilon_2(x))I_{n1}\end{bmatrix}\begin{bmatrix}v_1\\v_4\end{bmatrix}\in\Phi_{\mathrm{SOS}}, \tag{4.23}$$

$$-\begin{bmatrix}v_1\\v_4\end{bmatrix}^{\mathrm{T}}\begin{bmatrix}S_{2\rho}+\varepsilon_2(x)I_N & P(x)C_1^{\mathrm{T}}(x)\\ C_1(x)P(x) & -(1-\varepsilon_2(x))I_{n1}\end{bmatrix}\begin{bmatrix}v_1\\v_4\end{bmatrix}\in\Phi_{\mathrm{SOS}}, \tag{4.24}$$

对于 $\rho\in\{\rho^1,\cdots,\rho^L\}$，$\rho^*\in\{\rho^{*1},\cdots,\rho^{*L}\}$，$\rho\in N_{\rho^k}$，$k=1,\cdots,L$，有 $\gamma$ 的零最优值，其中 $v_1\in R^N$，$v_2\in R^N$，$v_3\in R^{N+1}$，$v_4\in R^{n_1}$，它们是相互独立的，并且 $\varphi(x)$ 在定理4.2中被定义.那么对于状态反馈律 $u(x)=-[B_u(x)M^{\mathrm{T}}(x)P^{-1}(x)+C_2(x)]Z(x)$，闭环的零平衡是渐进稳定的.对于零平衡的任何初始条件，

$$\|z\|_2^2\leqslant Z^{\mathrm{T}}(x_0)P^{-1}(x_0)Z(x_0)\leqslant Z^{\mathrm{T}}(x_0)WZ(x_0)$$

**证明** 定义 $K^*(x)=-[B_u(x)M^{\mathrm{T}}(x)P^{-1}(x)+C_2(x)]$.由引理4.2，具有

$x_k(\in \boldsymbol{H}(x)\boldsymbol{Z}(x))$ 饱和反馈，被表示成 $\sigma(\boldsymbol{K}^*(x)\boldsymbol{Z}(x))=\sum_{i=0}^{2m-1}\eta_i[\boldsymbol{D}_i\boldsymbol{K}^*(x)+\boldsymbol{D}_i^-\boldsymbol{H}(x)]\boldsymbol{Z}(x)$，其中 $0\leqslant\eta_i\leqslant 1, i\in[0,2^m-1]$，使得 $\sum_{i=0}^{2m-1}\eta_i=1$.那么下面的方程成立：

$$\begin{aligned}\rho\sigma(\boldsymbol{u}(t))&=\sum_{i=0}^{2^m-1}\eta_i[\rho\boldsymbol{D}_i\boldsymbol{K}^*(x)+\rho\boldsymbol{D}_i^-\boldsymbol{H}(x)]\boldsymbol{Z}(x)\\&=\sum_{i=0}^{2^m-1}\rho\eta_i[\boldsymbol{D}_iK^*(x)+\boldsymbol{D}_i^-\boldsymbol{H}(x)]\boldsymbol{Z}(x)\end{aligned}$$

定义函数 $\boldsymbol{V}(x)$ 满足

$$\boldsymbol{V}(x)=\boldsymbol{Z}^{\mathrm{T}}(x)\boldsymbol{P}^{-1}(x)\boldsymbol{Z}(x).$$

我们将证明 $\boldsymbol{V}(x)$ 对于一个正常的闭环系统来说是一个 Lyapunov 函数，且有

$$\dot{\boldsymbol{x}}=[\boldsymbol{A}(x)+\boldsymbol{B}_u(x)\boldsymbol{K}(x)\boldsymbol{P}^{-1}(x)]\boldsymbol{Z}(x).$$

并且饱和容错系统

$$\dot{x}=[\boldsymbol{A}(x)+\boldsymbol{B}_u(x)\rho\sum_{i=0}^{2^m-1}\eta_i[\boldsymbol{D}_i\boldsymbol{K}(x)+\boldsymbol{D}_i^-\boldsymbol{H}(x)]\boldsymbol{P}^{-1}(x)]\times\boldsymbol{Z}(x)$$

$\rho=\{\rho^1,\rho^2,\cdots,\rho^L\}$

由引理 4.2，这意味着对于所有的 $x$ 来说 $\boldsymbol{P}(x)$ 和 $\boldsymbol{P}^{-1}(x)$ 都是正的确定的，因此 $\boldsymbol{V}(x)$ 为由 $x$ 定义的正的函数.

记

$$\begin{aligned}\boldsymbol{S}_{2F}=&\boldsymbol{M}^*(x)\hat{\boldsymbol{A}}_\rho(x)\boldsymbol{P}(x)+\boldsymbol{P}(x)\hat{\boldsymbol{A}}_\rho^{\mathrm{T}}(x)\boldsymbol{M}^{*T}(x)-\\&\boldsymbol{M}^*(x)\boldsymbol{B}_u^*(x)\rho\rho^{\mathrm{T}}\boldsymbol{B}_u^{*T}(x)\boldsymbol{M}^*(x)-\sum_{j=1}^{n}\frac{\partial\boldsymbol{P}}{\partial x_j}(x)(\boldsymbol{A}_j\boldsymbol{Z}(x))\end{aligned}$$

这个定理的证明与文献[219]中 LPV 综合的证明类似.对于式(4.22)和式(4.24)存在一个解 $\boldsymbol{P}(x)$，对于闭环系统对应的反馈率来说的一个 Lyapunov 函数被 $\boldsymbol{V}(x)=\boldsymbol{Z}^{\mathrm{T}}(x)\boldsymbol{P}^{-1}(x)\boldsymbol{Z}(x)$ 给出.Lyapunov 函数的导数被准确地描述，不完全等于 $x$ 的 $\boldsymbol{Z}(x)$ 可以被按照定理 4.2 的算法被计算出来.那么，非线性项可以按照定理 4.2 的方式被处理.考虑

$$(\sum_{j=1}^{2^{M_2}}\alpha_j\rho)(\sum_{j=1}^{2^{M_2}}\alpha_j\rho)^{\mathrm{T}}\leqslant\sum_{j=1}^{2^{M_2}}\alpha_j\rho^* \tag{4.25}$$

和式(4.23)的凸集合，当故障发生时不等式

$$-\begin{bmatrix}\boldsymbol{v}_1\\\boldsymbol{v}_4\end{bmatrix}^{\mathrm{T}}\begin{bmatrix}\boldsymbol{S}_{2F}+\varepsilon_2(x)\boldsymbol{I}_N & \boldsymbol{P}(x)\boldsymbol{C}_1^{\mathrm{T}}(x)\\\boldsymbol{C}_1(x)\boldsymbol{P}(x) & -(1-\varepsilon_2(x))\boldsymbol{I}_{n1}\end{bmatrix}\begin{bmatrix}\boldsymbol{v}_1\\\boldsymbol{v}_4\end{bmatrix}\in\Phi_{\mathrm{SOS}},\rho\in\{\rho^1,\cdots\rho^L\}$$

可以按不等式(4.24)描述.

最后,结果状态依赖线性多项式不等式通过使用引理 4.3 的结果可以被转化成平方和条件满足最小值.最优问题公式(4.20),式(4.22)～(4.24)的平方和通过使用目标函数和其它的平方和条件被讨论,导致下面的平方和问题:

$$\text{minimize } \gamma + \text{Track}(\boldsymbol{W})$$

$$\text{s.t.}(4.20),(4.22) \sim (4.24),\text{并且}$$

$$\begin{bmatrix}\boldsymbol{v}_1\\ \boldsymbol{v}_2\end{bmatrix}^{\mathrm{T}}\begin{bmatrix}\boldsymbol{W} & \boldsymbol{I}_N\\ \boldsymbol{I}_N & \boldsymbol{P}(x_0)\end{bmatrix}\begin{bmatrix}\boldsymbol{v}_1\\ \boldsymbol{v}_2\end{bmatrix} \in \Phi_{\mathrm{SOS}} \tag{4.26}$$

由 Schur 补定理,式(4.26)等价于 $\boldsymbol{P}^{-1}(x_0) \leqslant \boldsymbol{W}$.因此,$\boldsymbol{W}$ 迹的最小值被化简为式(4.17)的上界,并且它可能接近最优值.

# 4.4　仿真算例

考虑一个具有近似多项式的非线性系统:

$$\boldsymbol{A}(x)=\begin{bmatrix}-1+x_1+\frac{3}{4}x_1^2-\frac{2}{3}x_2^2 & \frac{1}{4}-x_1^2\\ x_1 & x_2\end{bmatrix},\boldsymbol{B}_w=\begin{bmatrix}x_2\\ 1\end{bmatrix}$$

$$\boldsymbol{B}_u(x)=\begin{bmatrix}1 & 0\\ x_1 & 2\end{bmatrix},\boldsymbol{C}_1(x)=\begin{bmatrix}1 & 0\end{bmatrix} \tag{4.27}$$

$$\boldsymbol{C}_2(x)=\begin{bmatrix}1 & 0\\ 0 & 1\end{bmatrix},\boldsymbol{Z}(x)=(x_1 \quad x_2)^{\mathrm{T}}$$

那么,我们得到

$$\boldsymbol{M}(x)=\begin{bmatrix}1 & 0\\ 0 & 1\end{bmatrix}$$

我们选择如下四个模型来进行故障仿真.

(1) 标准的模型:两个执行器都是正常的,$\rho_1^1=\rho_1^2=1$.

(2) 故障模型 1:第一个执行器是正常的,第二个执行器是正常的或失效的,被描述为 $\rho_1^2=1, 0.5 \leqslant \rho_2^2 \leqslant 1$.

(3) 故障模型 2:第二个执行器是正常的,第一个执行器是正常的或失效的,

被描述为 $\rho_2^3=1, 0.4\leqslant\rho_1^3\leqslant1$.

(4) 故障模型3:两个执行器都是正常的或失效的,被描述为 $0.4\leqslant\rho_1^4\leqslant1$, $0.6\leqslant\rho_2^4\leqslant1$.

### 4.4.1 状态反馈稳定性

图4-1表明了无容错控制考虑的系统在发生故障时无法保证稳定性.将参数 $\varepsilon_1$ 和 $\varepsilon_2$ 都选为0.1,注意例子中的 $\boldsymbol{B}_u(x)$ 没有零行.如果 $\boldsymbol{P}(x)$ 被选为常数矩阵,那么存在解.我们可以构造一个二阶的 $\boldsymbol{K}(x)$ 和一个一阶的 $\boldsymbol{P}(x)$ 使得这个平衡是局部不对称稳定.

$$\boldsymbol{P}=\begin{bmatrix}p_{11} & p_{12}\\ p_{21} & p_{22}\end{bmatrix}$$

$$\begin{aligned}p_{11}=&-0.189\,95\times10^{-3}x_1+0.658\,6\times10^{-2}x_2+\\&0.330\,08\times10^{-2}x_1^2+0.109\,32\times10^{-2}x_1x_2+\\&0.173\,8\times10^{-1}x_2^2\end{aligned}$$

$$p_{12}=p_{21}=-0.387\,15\times10^{-3}x_1+0.121\,64\times10^{-1}x_2+$$

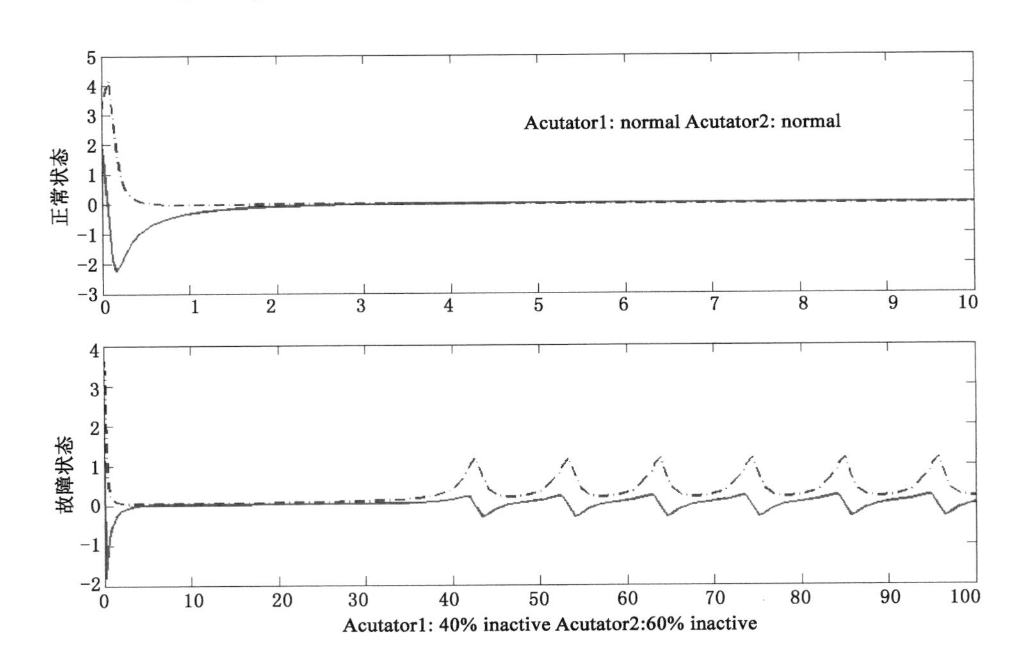


图4-1 故障对于不考虑容错机制的系统的影响

$$0.136\ 89 \times 10^{-1} x_1^2 + 0.204\ 97 \times 10^{-2} x_1 x_2 +$$
$$0.333\ 15 \times 10^{-1} x_2^2$$
$$p_{22} = 0.189\ 95 \times 10^{-3} x_1 - 0.656\ 61 \times 10^{-2} x_2 +$$
$$0.730\ 09 \times 10^{-2} x_1^2 - 0.309\ 32 \times 10^{-2} x_1 x_2 -$$
$$0.415\ 54 \times 10^{-1} x_2^2$$

使用定理 4.2 的结果设计一个容错控制，讨论的是 $\gamma$ 的最小值.作为 $\gamma$ 的最优值，最优返回值是 0.001.一个反馈控制率 $\boldsymbol{u}(x)$ 满足条件(4.16)，它有 28 项被同时构造.以上结果的仿真在图 4-2 中可以看出.三个不同的故障模型中状态反馈的三个子图是稳定的.

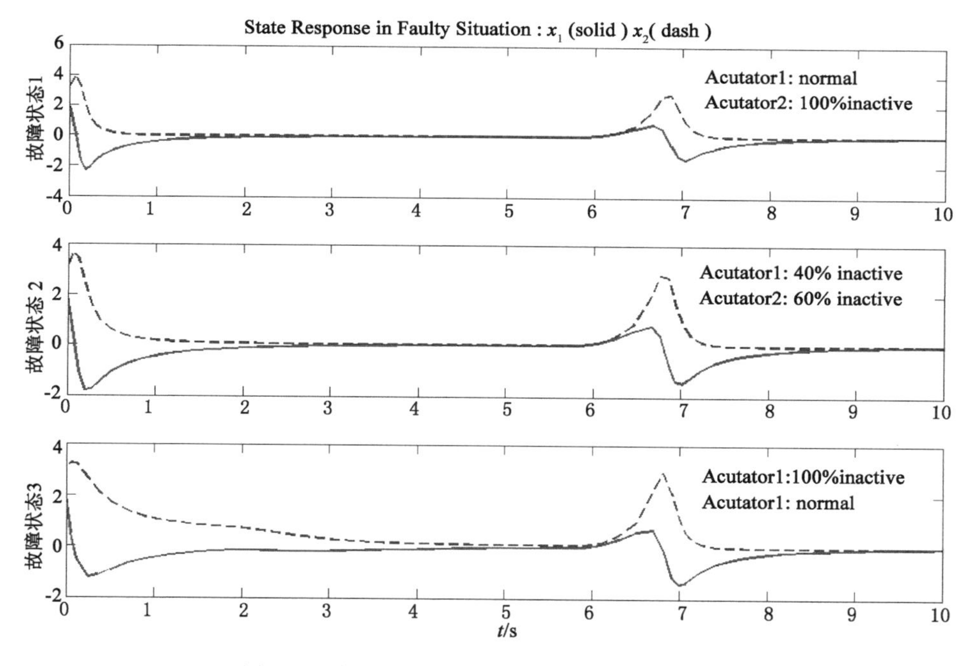


图 4-2　容错状态反馈镇定设计的状态响应曲线

## 4.4.2　最优性能容错控制

选择初始条件 $\boldsymbol{x}_0 = [1,1]^{\mathrm{T}}$.使用定理 4.3 中的结果设计一个优化状态反馈控制器.$\varepsilon_1$ 和 $\varepsilon_2$ 都被选为 0.1.在例子中，控制器通过使用 $\boldsymbol{P}$ 的不同阶和不同局部标准来设计.

控制器 1:$\boldsymbol{P}$ 有零阶,全部综合.

控制器 2:$\boldsymbol{P}$ 有一阶,局部综合.

控制器 3:$\boldsymbol{P}$ 有二阶,局部综合.

其中对于局部饱和我们使用

$$\boldsymbol{x}=[-3,3]\times[-3,3]$$

表 4-1 列出了 Track($\boldsymbol{W}$)的最小值,它是由最优平方和得到的,对应值是 $\boldsymbol{x}_0^{\mathrm{T}}\boldsymbol{P}^{-1}(x)\boldsymbol{x}_0$ 的上界,并且真值是 $\|\boldsymbol{z}\|_2^2$.正如控制器设计的预想情况,$\boldsymbol{P}$ 的阶数增加时性能增强,或域 $X$ 比整个状态空间小.这些控制器在图 4-3 中被反映出来(控制器 1 是圆点的线,控制器 2 是虚线,控制器 3 是实线).

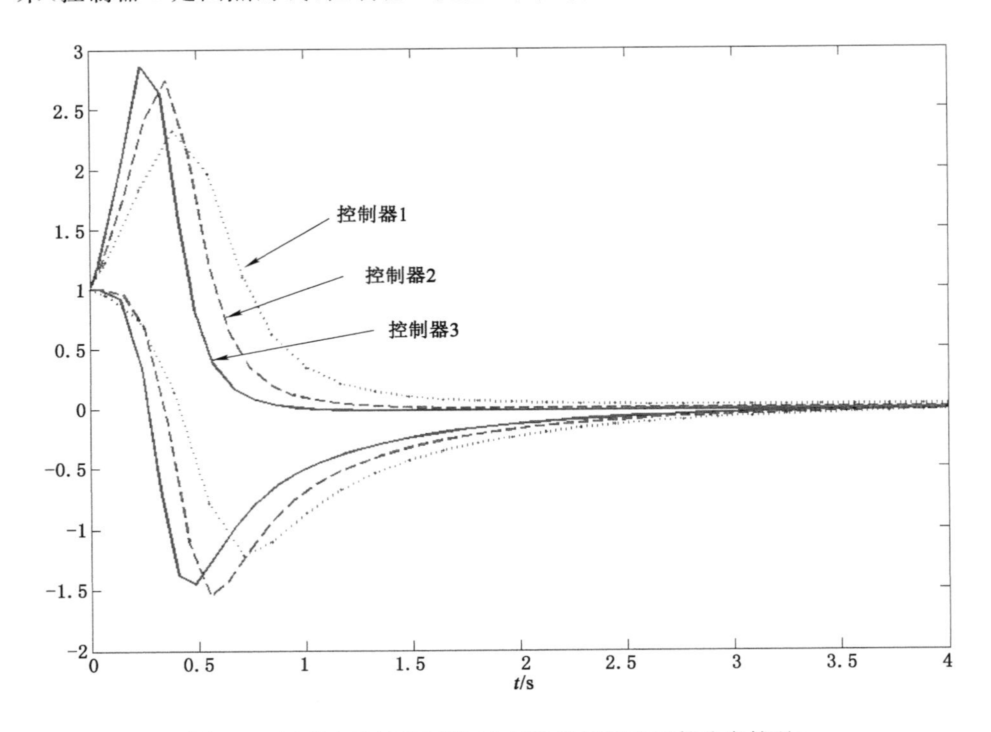


图 4-3 保成本容错控制器(全局稳定情况和局部稳定情况)

**表 4-1 保成本容错控制器的性能对照表**

| 控制器性能参数 | 控制器 1 | 控制器 2 | 控制器 3 |
|---|---|---|---|
| Track($\boldsymbol{W}$) | 2.872 9 | 3.445 5 | 1.345 4 |
| $\boldsymbol{x}_0^{\mathrm{T}}\boldsymbol{P}^{-1}(x)\boldsymbol{x}_0$ | 4.223 4 | 4.333 2 | 1.836 2 |
| $\|\boldsymbol{z}\|_2^2$ | 2.344 5 | 1.344 5 | 0.453 2 |

# 4.5　本章小结

在本章中,我们处理了执行器带有饱和约束的多项式非线性系统的状态反馈容错控制综合问题.我们首先考虑了不具有任何其他性能目标的容错控制稳定问题,并且随后提出最优问题的解.我们的方法是建立以一个状态依赖的线性形式表示的非线性系统,就状态依赖的线性多项式不等式而言,包含了指标最优值,将它转化成平方和最优问题.这样问题便可以使用半正定凸规划算法被解决.最后,给出了数值例子来说明这个方法的可用性和有效性.

# 第5章 执行器带有饱和约束的一类多项式离散系统的 $H_\infty$ 容错控制

## 5.1 引言

在前一章的基础上，本章进一步针对执行器饱和约束下一类多项式离散非线性系统研究优化性能的被动容错控制方法.对于线性离散系统有很多被动的容错控制器方法已经被广泛地研究了，比如文献[213]和[214]和其中的一些参考文献.文献[217]提出了一种基于代数 Riccati 方程的容错控制器设计，这种方法在文献[218]和[221]中得到了进一步的发展，它设计了能够同时保证系统的闭环稳定性和所有控制器元件的性能，即使是在一些控制器件发生故障时仍然能够保证这样的性能.文献[213]和[214]通过采用 LMI 优化途径，文献[216]通过采用迭代 LMI 途径来设计容错控制器.和传统的基于代数 Riccati 方程的途径相比，除了能保证稳定性和性能之外，这个迭代的 LMI 途径仍然能够保证系统正常优化的性能.然而不幸的是，在把这种同样的优化框架推广到受饱和约束下非线性容错控制系统时遇到了一个困难.这个困难本质上是这样的非线性优化方法涉及求解受约束下的 Hamilton-Jacobi-Isaac 方程，一般来说这样的非线性微分方程没有一个有效的、能够求解的数值化方法，这一点在文献[220]中已经论述过了.基于上面的考虑，本章发展一种能够计算的设计容错控制器的方法，它针对一类非线性系统，同时能够优化性能，这里主要指的是鲁棒 $H_\infty$ 性能.

本章中容错控制问题特殊的考虑了一类执行器饱和约束下多项式非线性离散系统，能够保证在发生执行器饱和和执行器故障的情况下仍然能够保证 $H_\infty$ 性能，所考虑的故障被描述为一种多模态的模型，这种模型刻画了典型的执行器效率的偏移.受文献[217]，[218]和[221]的启发，本书的工作发展了一种设计方法能够保证系统的性能和稳定性，这种保证是通过被动容错控制机制来完成的.本书的创新之处在于以下两个方面：第一个方面是把执行器饱和约束下容错控制器设计问题转化成一个能够处理的半定规划问题.优化问题中的非线性项被描述为一种指标，然后提出优化方法找到这个指标的零最优值.第二个方面是和优化指标相结合，原始的容错控制问题被转化为一个多目标的优化问题，这个多目标的优化问题形式上是一组状态依赖的类线性多项式矩阵不等式，本书采用了 SOS 优化方法来求解这种优化问题.本书所采用的方法与以往研究容错控制的一个关键的不同点在于，控制器要通过一种算法构造 Lyapunov 函数来完成.这点是非常有意义的，因为 SOS 方法能够提供一种保守性较低的结果，和其他的非线性优化方法相比这点在文献[219]中有所论述，进一步对于非线性现有的结果，比方说文献[220]中标准的结果不能够有效地用数值计算的方法来对非线性容错控制问题进行性能的优化.

# 5.2 系统描述和故障模型

考虑具有如下形式的非线性系统：

$$
\begin{aligned}
\boldsymbol{x}(k+1) &= \boldsymbol{f}(\boldsymbol{x}(k)) + \boldsymbol{g}_w(\boldsymbol{x}(k))\boldsymbol{w}(k) + \boldsymbol{g}_u(\boldsymbol{x}(k))\boldsymbol{u}(k) \\
\boldsymbol{z}(k) &= \boldsymbol{h}_z(\boldsymbol{x}(k)) + \boldsymbol{J}_{zw}(\boldsymbol{x}(k))\boldsymbol{w}(k) + \boldsymbol{J}_{zu}(\boldsymbol{x}(k))\boldsymbol{u}(k) \\
\boldsymbol{y}(k) &= \boldsymbol{h}_y(\boldsymbol{x}(k)) + \boldsymbol{J}_{yw}(\boldsymbol{x}(k))\boldsymbol{w}(k)
\end{aligned}
$$

它可以用如下的状态依赖的线性形式的形式进行逼近：

$$\begin{aligned} \boldsymbol{x}(k+1) &= \boldsymbol{A}(\boldsymbol{x}(k))\boldsymbol{x}(k)+\boldsymbol{B}_w(\boldsymbol{x}(k))+\boldsymbol{B}_u(\boldsymbol{x}(k))\boldsymbol{u}(k) \\ \boldsymbol{z}(k) &= \boldsymbol{C}_z(\boldsymbol{x}(k))+\boldsymbol{D}_{zw}(\boldsymbol{x}(k))+\boldsymbol{D}_{zu}(\boldsymbol{x}(k))\boldsymbol{u}(k) \\ \boldsymbol{y}(k) &= \boldsymbol{C}_y(\boldsymbol{x}(k))\boldsymbol{x}(k)+\boldsymbol{D}_{yw}(\boldsymbol{x}(k))\boldsymbol{w}(k) \end{aligned} \tag{5.1}$$

其中 $\boldsymbol{x}(k)$是状态，$\boldsymbol{w}(k)$是外部的输入，$\boldsymbol{y}(k)$是被测输出，$\boldsymbol{z}(k)$是一个用来描述控制系统输出性能的信号.其中 $\boldsymbol{A}(\boldsymbol{x}(k))$，$\boldsymbol{B}_w(\boldsymbol{x}(k))$，$\boldsymbol{B}_u(\boldsymbol{x}(k))$，$\boldsymbol{C}_z(\boldsymbol{x}(k))$，$\boldsymbol{C}_y(\boldsymbol{x}(k))$，$\boldsymbol{D}_{zw}(\boldsymbol{x}(k))$，$\boldsymbol{D}_{zu}(\boldsymbol{x}(k))$，$\boldsymbol{D}_{yw}(\boldsymbol{x}(k))$是具有适当维数的多项式矩阵.

**注 5.1** 上述的非线性系统可用所谓的状态依赖的线性形式进行表示，但是这样的表示形式不唯一的.这种表示形式是否正确得看你如何进行选择.比如说 $\boldsymbol{N}(\boldsymbol{x}(k))$的选择满足 $\boldsymbol{N}(\boldsymbol{x}(k))\boldsymbol{x}(k)=0$，那么 $\boldsymbol{A}(\boldsymbol{x}(k))+\boldsymbol{N}(\boldsymbol{x}(k))\boldsymbol{x}(k)$对于 $\boldsymbol{N}$ 的任何取法都是对的，都能表示 $f(\boldsymbol{x}(k))=\boldsymbol{A}(\boldsymbol{x}(k))\boldsymbol{x}(k)$形式，但是怎样恰当地选择 $\boldsymbol{N}(\boldsymbol{x}(k))$是不清楚的.

为了陈述容错控制问题，本章采用文献[218]中的故障模型：

$$u_{ij}^F(k)=\rho_i^j u_i(k),\rho_i^j\in[\underline{\rho}_i^j,\overline{\rho}_i^j],\overline{\rho}_i^j>\underline{\rho}_i^j\geqslant 0,i=1,\cdots,q,j=1,\cdots,L$$

$$\sigma(u_i(t))=\begin{cases} u_i(t), |u_i(t)|\leqslant u_i(t)^{\max} \\ \operatorname{sign}(u_i(t))\,u_i(') \max, |u_i(t)|>u_i(t)^{\max} \end{cases}$$

其中 $u_{ij}^F(t)$表示来自第 $i$ 个执行器发生第 $j$ 个故障模式，$\rho_i^j$是未知的常数，指数 $j$ 表示第 $j$ 个故障模式，那么 $L$ 是故障模式的总数.

对于每个故障模式而言，$\underline{\rho}_i^j$和$\overline{\rho}_i^j$ 对应地表示 $\rho_i^j$ 的上下界.注意，当$\underline{\rho}_i^j=\overline{\rho}_i^j=1$ 时，对于第 $w$ 个执行器 $u_i$ 不存在故障，并且当$\underline{\rho}_i^j=\overline{\rho}_i^j=0$ 时，$u_i$ 在第 $j$ 个故障模式中发生了中断故障.当 $0\leqslant\underline{\rho}_i^j\leqslant\overline{\rho}_i^j<1$ 时，在发生第 $j$ 个故障，因此执行器故障的种类发生了失效的故障.记

$$\boldsymbol{u}_j^F(k)=[\boldsymbol{u}_{1j}^F(k),\boldsymbol{u}_{2j}^F(k),\cdots,\boldsymbol{u}_{qj}^F(k)]^{\mathrm{T}}=\rho^j\boldsymbol{u}(k)$$

其中 $\boldsymbol{\rho}^j=\operatorname{diag}[\rho_1^j,\rho_1^j,\cdots,\rho_q^j]$，$j=1,\cdots,L$. 考虑下界和上界 $\underline{\rho}_i^j$ 和$\overline{\rho}_i^j$，下面的集合可以被定义 $N_{\rho^j}=\{\boldsymbol{\rho}^j\,|\,\boldsymbol{\rho}^j=\operatorname{diag}[\rho_1^j,\rho_1^j,\cdots,\rho_m^j]\}$，$\rho_i^j=\underline{\rho}_i^j$ 或者 $\rho_i^j=\overline{\rho}_i^j$.这个集合 $N_{\rho^j}$ 包含了 $2^q$ 个元素.为了叙述方便，对于所有可能的故障模式 $M(x)$，下面统一地用执行器故障模式进行表达：

$$\boldsymbol{u}^F(k)=\boldsymbol{\rho}\boldsymbol{u}(k),\rho\in\{\rho^1,\cdots,\rho^L\} \tag{5.2}$$

式(5.1)描述的系统带有执行器故障(5.2)，本书将提出一种状态反馈的容错控制器，它针对的是闭环系统(5.1)和(5.2)能够在故障的情况下保证事先给定的$(i,j)$的性能.

# 5.3　带有容错目的的状态反馈 $H_\infty$ 控制

**引理 5.1**　设 $\boldsymbol{u},\boldsymbol{v}\in R^m$，并且 $\boldsymbol{u}=[u_1,u_1,\cdots,u_m]^{\mathrm{T}}$，$\boldsymbol{v}=[v_1,v_1,\cdots,v_m]^{\mathrm{T}}$.假设 $|v_i|\leqslant 1$ 对所有的 $i\in I[1,m]$.那么，$\sigma(u)\in \boldsymbol{co}\{\boldsymbol{D}_i\boldsymbol{u}+\boldsymbol{D}_i^j\boldsymbol{v}:i\in \boldsymbol{I}[0,2^m-1]\}$，其中 $\dot{\boldsymbol{x}}=\boldsymbol{A}(x)\boldsymbol{Z}(x)+\boldsymbol{B}_u(x)\boldsymbol{u}$ 被记为凸包.

**引理 5.2**　设 $x\in k(x(t))$.对于每个 $i\in I[1,m]$，设

$$\eta_i(x(t))=\begin{cases}1,\boldsymbol{K}(x)_i\boldsymbol{P}^{-1}(x)\boldsymbol{Z}(x)=\boldsymbol{H}(x)_i\boldsymbol{P}^{-1}(x)Z(x),\\ \dfrac{\sigma(\boldsymbol{K}(x(t))_i-\boldsymbol{H}(x)_i)\boldsymbol{P}^{-1}(x)\boldsymbol{Z}(x(t))}{\boldsymbol{K}((x(t))_i-\boldsymbol{H}(x)_i)\boldsymbol{P}^{-1}(x)\boldsymbol{Z}(x(t))},\text{其他}\end{cases}\tag{5.3}$$

## 5.3.1　$H_\infty$ 性能的拓展 PMI 描述

本章给出一个特殊的 Lyapunov 函数来检查方程组(5.1)的稳定性，这个函数以如下形式表示：

$$V(\bar{\boldsymbol{x}}(k))=\bar{\boldsymbol{x}}^{\mathrm{T}}(k)\mathscr{P}(\bar{\boldsymbol{x}}(k))\bar{\boldsymbol{x}}(k)$$

令 $\boldsymbol{H}=\{h_1,h_2,\cdots,h_m\}$ 表示 $\boldsymbol{B}_w(x)$ 为零的行，并定义 $\bar{\boldsymbol{x}}(k)=(x_{h1},x_{h2},\cdots,x_{hm})$.于是，我们得到 $\boldsymbol{A}_h(x(k))$，$\boldsymbol{B}_{uh}(x(k))$ 表示 $\boldsymbol{A}(x(h))\boldsymbol{B}_u(x(k))$ 的第 $h$ 行.$\boldsymbol{P}(\bar{x}(k))>0$ 被定义为一个 $m\times m$ 的多项式矩阵，它的 $(i,j)$ 项由

$$\begin{aligned}p_{ij}(\bar{\boldsymbol{x}}(k))&=p_{ij}^{(0)}+\sum_{i=1}^{m}p_{ij}^{(l)}x_l(k)\\&=p_{i,j}^{(0)}+[p_{i,j}^{(l)},\cdots,p_{i,j}^{(m)}]^{\mathrm{T}}\bar{\boldsymbol{x}}(k)\end{aligned}\tag{5.4}$$

给出.$p_{ij}(\bar{\boldsymbol{x}}(k))$ 是一个线性函数，其中 $p_{ij}^{(l)}$，$i=1,\cdots,m$，$j=1,\cdots,m$，$l=1,\cdots,m$，是常数.这样就把上面给出的 $V(\bar{\boldsymbol{x}}(k))$ 进行一种线性的参数化，它是由 $p_{i,j}(\bar{\boldsymbol{x}}(k))$ 进行参数化.如果 $u(\boldsymbol{x}(k))=\mathscr{K}(\boldsymbol{x}(k))\boldsymbol{x}(k)$，则

$$\rho\sigma(u(t))=\sum_{i=0}^{2m-1}\eta_i[\rho\boldsymbol{D}_i\mathscr{K}(x)+\rho\boldsymbol{D}_i^{-}\boldsymbol{H}(x)]\boldsymbol{P}^{-1}(x)\boldsymbol{Z}(x)$$

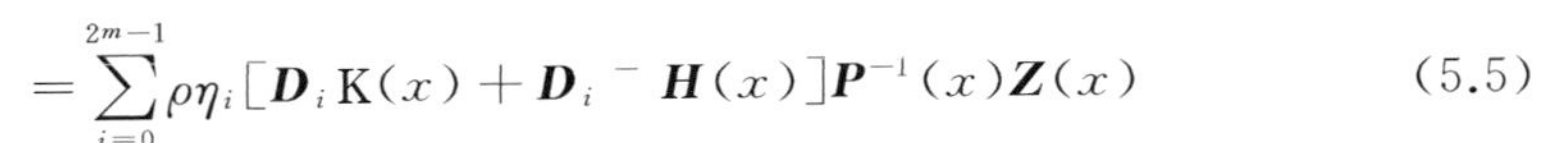

$$= \sum_{i=0}^{2m-1} \rho\eta_i [\boldsymbol{D}_i \mathrm{K}(x) + \boldsymbol{D}_i^- \boldsymbol{H}(x)] \boldsymbol{P}^{-1}(x) \boldsymbol{Z}(x) \tag{5.5}$$

那么闭环的形式就可以写成式(5.6)的形式,且满足下面矩阵的形式

$$\begin{aligned} x(k+1) &= \mathscr{A}(x(k))\, x(k) + \mathscr{B}(x(k))\, w(x) \\ z(k) &= \mathscr{C}(x(k)) + \mathscr{D}(x(k))\, w(k) \end{aligned} \tag{5.6}$$

其中

$$\begin{aligned} \mathscr{A}(x(k)) &= \boldsymbol{A}(x(k)) + \boldsymbol{B}_w(x(k))\, \mathscr{K}(x(k)) \\ \mathscr{B}(x(k)) &= \boldsymbol{B}_x(x(k)) \\ \mathscr{C}(x(k)) &= \boldsymbol{C}_z(x(k)) + \boldsymbol{D}_{zu}(x(k))\, \mathscr{K}(x(k)) \\ \mathscr{D}(x(k)) &= \boldsymbol{D}_{yw}(x(k)) \end{aligned}$$

于是可以得到下面的引理 5.3 给出的 $H_\infty$ 标准分析.

**引理 5.3** 不等式 $\| H_{wz}(\zeta) \|_\infty^2 < \mu$ 成立,如果存在一个对称多项式矩阵 $\boldsymbol{P}(\bar{\boldsymbol{x}}(k))$ 使得

$$\begin{bmatrix} \boldsymbol{P}(\bar{x}(k)) & \boldsymbol{A}(x(k))\boldsymbol{P}(\bar{x}(k+1)) & \boldsymbol{B}(x(k)) & \boldsymbol{0} \\ *^{\mathrm{T}} & \boldsymbol{P}(\bar{x}(k+1)) & \boldsymbol{0} & \boldsymbol{P}(\bar{x}(k+1))\boldsymbol{C}^{\mathrm{T}}(\boldsymbol{x}(k)) \\ *^{\mathrm{T}} & *^{\mathrm{T}} & \boldsymbol{I} & \boldsymbol{D}^{\mathrm{T}}(\boldsymbol{x}(k)) \\ *^{\mathrm{T}} & *^{\mathrm{T}} & *^{\mathrm{T}} & \mu\boldsymbol{I} \end{bmatrix} > \boldsymbol{0} \tag{5.7}$$

成立.

**证明** 这个证明由参考文献[216]中的线性离散系统的相应结果很容易得到,不同的是状态变量在矩阵系统中出现.

证毕.

**注 5.2** 可以看出上述条件所给出的矩阵 $\boldsymbol{A}(x(k))$ 是 Schur 稳定的矩阵,因为条件的一个分块含有了下面这个形式,这个形式能够推出 $\boldsymbol{A}(x(k))$ 是 Schur 稳定的条件.

$$\begin{bmatrix} \boldsymbol{P}(x(k)) & \boldsymbol{A}(x(k))\boldsymbol{P}(\bar{x}(k+1)) \\ *^{\mathrm{T}} & \boldsymbol{P}(\bar{x}(k+1)) \end{bmatrix} > \boldsymbol{0} \tag{5.8}$$

**注 5.3** 在公式(5.7)中 $P(\bar{x}(k+1))$ 并不是线性地依赖于 $p_{i,j}^{(l)}$,它使引理 5.3给出的条件不容易被验证.在文献[216]中给出了说明.但可以看出拓展的 Lyapunov 不等式(5.8)可以引入一些矩阵变量将它转化.这个技术将文献[216]中的 $P(\bar{x}(k+1))$ 的个数减少到只有一个,这样使 $p_{i,j}^{(l)}$ 线性地出现在定理中以减少 $H_\infty$ 计算中的复杂度.

**定理 5.1** 不等式 $\| H_{wz}(\zeta) \|_\infty^2 < \mu$ 成立,当且仅当存在一个多项式矩阵

不等式$\boldsymbol{G}(\bar{\boldsymbol{x}}(k))$和一个对称多项式矩阵$\boldsymbol{P}(\bar{\boldsymbol{x}}(x))>0$使得

$$\begin{bmatrix} \boldsymbol{P}(\bar{\boldsymbol{x}}(k)) & \boldsymbol{A}(\boldsymbol{x}(k))\boldsymbol{G}(\bar{\boldsymbol{x}}(k)) & \boldsymbol{B}(\boldsymbol{x}(k)) & \boldsymbol{0} \\ *^{\mathrm{T}} & \boldsymbol{G}(\bar{\boldsymbol{x}}(k))+\boldsymbol{G}^{\mathrm{T}}(\bar{\boldsymbol{x}}(k))-\boldsymbol{P}(\bar{\boldsymbol{x}}(k+1)) & \boldsymbol{0} & \boldsymbol{G}^{\mathrm{T}}(\bar{\boldsymbol{x}}(k))C^{\mathrm{T}}(\boldsymbol{x}(k)) \\ *^{\mathrm{T}} & *^{\mathrm{T}} & \boldsymbol{I} & \boldsymbol{D}^{\mathrm{T}}(\boldsymbol{x}(k)) \\ *^{\mathrm{T}} & *^{\mathrm{T}} & *^{\mathrm{T}} & \mu \boldsymbol{I} \end{bmatrix} > \boldsymbol{0} \tag{5.9}$$

成立.

**证明** (必要性)选择$\boldsymbol{G}(\bar{\boldsymbol{x}}(k))=\boldsymbol{G}\bar{\boldsymbol{x}}(k)^{\mathrm{T}}=\boldsymbol{P}(\bar{\boldsymbol{x}}(k+1))$.

(充分性)假设不等式(5.9)是成立的,那么我们有下面的关系成立

$$\boldsymbol{G}(\bar{\boldsymbol{x}}(k))+\boldsymbol{G}(\bar{\boldsymbol{x}}(k))^{\mathrm{T}}>\boldsymbol{P}(\bar{\boldsymbol{x}}(k+1))>0$$

注意到$\boldsymbol{G}(\bar{\boldsymbol{x}}(k))$是非奇异的.因为$\boldsymbol{P}(\bar{\boldsymbol{x}}(k+1))$正的定义,如下的不等式成立

$$(\boldsymbol{P}(\bar{\boldsymbol{x}}(k+1))-\boldsymbol{G}(\bar{\boldsymbol{x}}(k)))^{\mathrm{T}}\boldsymbol{P}^{-1}\times(\bar{\boldsymbol{x}}(k+1))(\boldsymbol{P}(\bar{\boldsymbol{x}}(k+1))-\boldsymbol{G}(\bar{\boldsymbol{x}}(k)))>0.$$

因此

$$\boldsymbol{G}^{\mathrm{T}}(\bar{\boldsymbol{x}}(k))\boldsymbol{P}^{-1}(\bar{\boldsymbol{x}}(k+1))\boldsymbol{G}(\bar{\boldsymbol{x}}(k))\geqslant\boldsymbol{G}(\bar{\boldsymbol{x}}(k))+\boldsymbol{G}^{\mathrm{T}}(\bar{\boldsymbol{x}}(k))-\boldsymbol{P}(\bar{\boldsymbol{x}}(k+1))$$

成立.其中

$$\begin{bmatrix} \boldsymbol{P}(\bar{\boldsymbol{x}}(k)) & \boldsymbol{A}(\boldsymbol{x}(k))\boldsymbol{G}(\bar{\boldsymbol{x}}(k)) & \boldsymbol{B}(\boldsymbol{x}(k)) & 0 \\ *^{\mathrm{T}} & \boldsymbol{G}(\bar{\boldsymbol{x}}(k))+\boldsymbol{G}^{\mathrm{T}}(\bar{\boldsymbol{x}}(k))-\boldsymbol{P}(\bar{\boldsymbol{x}}(k+1)) & 0 & \boldsymbol{G}^{\mathrm{T}}(\bar{\boldsymbol{x}}(k))\boldsymbol{C}^{\mathrm{T}}(\boldsymbol{x}(k)) \\ *^{\mathrm{T}} & *^{\mathrm{T}} & \boldsymbol{I} & \boldsymbol{D}^{\mathrm{T}}(\boldsymbol{x}(k)) \\ *^{\mathrm{T}} & *^{\mathrm{T}} & *^{\mathrm{T}} & \mu I \end{bmatrix} > 0$$

由此得到(5.7),如果右边乘以$\boldsymbol{T}^{\mathrm{T}}(\bar{\boldsymbol{x}}(k))=\mathrm{diag}[\boldsymbol{I},\boldsymbol{G}^{-1}(\bar{\boldsymbol{x}}(k))\boldsymbol{P}(\bar{\boldsymbol{x}}(k+1)),\boldsymbol{I},\boldsymbol{I}]$并且左边乘以$\boldsymbol{T}^{\mathrm{T}}(\bar{\boldsymbol{x}}(k))$.

证毕.

**注 5.4** 引入额外的变量$\boldsymbol{G}(\bar{\boldsymbol{x}}(k))$为解析非线性多项式系统提供了一个方便的条件,因为多项式反馈控制器可以被选为高维的形式,这样容易获得一些更好的性能,同时如果将$\boldsymbol{P}(\bar{\boldsymbol{x}}(k+1))$的数目消到1,那么可以降低计算复杂度.对于线性系统而言(当系统矩阵被选为一个常数矩阵时),这篇文章中给出的稳定性条件也可以用来计算线性系统的多项式形式的控制器.

## 5.3.2 $H_\infty$容错控制的多目标优化求解方法

本节提出一个针对执行器故障的容错状态反馈$H_\infty$控制设计方法,在这一节里假定状态变量$\boldsymbol{x}(k)$可以进行反馈,进一步这个状态信息$w(k)$没有被污染.这些假定一般是标准的,并且$C_y(\boldsymbol{x}(k))$和$\boldsymbol{D}_{yw}(\boldsymbol{x}(k))$被加在系统(5.1)的测量

方程中.$\boldsymbol{C}_y(\boldsymbol{x}(k))=\boldsymbol{I}$ 并且 $\boldsymbol{D}_{yw}(\boldsymbol{x}(k))=\boldsymbol{0}$.下面非线性静态状态反馈控制率 $u(k)=\kappa(\boldsymbol{x}(k))\boldsymbol{x}(k)$ 是在多项式中寻找 $\mathscr{K}(\boldsymbol{x}(k))$.这个反馈结构产生了方程组(5.6),其中闭环矩阵由

$$\begin{aligned}\mathscr{A}(\boldsymbol{x}(k)) &:= \boldsymbol{A}(\boldsymbol{x}(k))+\boldsymbol{B}_u(\boldsymbol{x}(k))\mathscr{K}(\boldsymbol{x}(k))\\ \mathscr{B}(\boldsymbol{x}(k)) &:= \boldsymbol{B}_w(\boldsymbol{x}(k))\end{aligned}\tag{5.10}$$

$$\begin{aligned}\mathscr{C}(\boldsymbol{x}(k)) &:= \boldsymbol{C}_z(\boldsymbol{x}(k))+\boldsymbol{D}_{zu}(\boldsymbol{x}(k))\mathscr{K}(\boldsymbol{x}(k))\\ \mathscr{D}(\boldsymbol{x}(k)) &:= \boldsymbol{D}_{zw}(\boldsymbol{x}(k))\end{aligned}\tag{5.11}$$

给出.引入非线性变换

$$\begin{aligned}X(\bar{\boldsymbol{x}}(k)) &:= \mathscr{G}(\bar{\boldsymbol{x}}(k))\\ L(\boldsymbol{x}(k)) &:= \mathscr{K}(\boldsymbol{x}(k))\mathscr{G}(\bar{\boldsymbol{x}}(k))\\ P(\bar{\boldsymbol{x}}(k)) &:= \mathscr{P}(\bar{\boldsymbol{x}}(k))\end{aligned}\tag{5.12}$$

可以将定理 5.1 的不等式中部分非线性项化简为线性的,然后代入式(5.10)~(5.12)中.那么多项式矩阵不等式(PMI)中的合成变量 $\boldsymbol{X}$,$\boldsymbol{L}$ 和 $\boldsymbol{P}$ 按照如下形式给出.记

$$\boldsymbol{\Gamma}_k(A,X,B_u,L)\triangleq \boldsymbol{A}(x(k))\boldsymbol{X}(\bar{x}(k))+\boldsymbol{B}_u(x(k))\boldsymbol{L}(x(k))\tag{5.13}$$

**定理 5.2($\boldsymbol{H}_\infty$ 状态反馈容错控制)** 假设对于系统(5.1)存在多项式矩阵 $\boldsymbol{X}(\bar{x}(k))$,$\boldsymbol{L}(\bar{x}(k))$ 和对称多项式矩阵 $\boldsymbol{P}(\bar{x}(k))$,$\boldsymbol{P}(\bar{x}(k+1))$,一个常数 $\varepsilon_1>0$ 并且一个平方和 $\varepsilon_2(x(k))$ 满足 $\varepsilon_2(x(k))>0$ 对于所有的 $x\neq 0$,使得下面的 SOS 优化问题有一个解:

$$\text{minimize } \mu$$

$$\text{s.t.}\quad \boldsymbol{v}^{\mathrm{T}}[\boldsymbol{P}(\bar{\boldsymbol{x}}(k))-\varepsilon_1 I]\boldsymbol{v}\in\Phi_{\text{sos}}\tag{5.14}$$

$$\boldsymbol{v}^{\mathrm{T}}[\boldsymbol{P}(\bar{x}(k+1))-\varepsilon_1 I]\boldsymbol{v}\in\Phi_{\text{sos}}\tag{5.15}$$

$$\begin{bmatrix}\boldsymbol{v}_1\\ \boldsymbol{v}_2\\ \boldsymbol{v}_3\\ \boldsymbol{v}_4\end{bmatrix}^{\mathrm{T}}\begin{bmatrix}\boldsymbol{P}(\bar{x}(k)) & \boldsymbol{\Gamma}_K(A,X,B_u,L) & \boldsymbol{B}_w(x(k)) & \boldsymbol{0}\\ *^{\mathrm{T}} & \boldsymbol{X}(\bar{x}(k))+\boldsymbol{X}^{\mathrm{T}}(\bar{x}(k))-\boldsymbol{P}(\bar{x}(k+1)) & \boldsymbol{0} & \boldsymbol{\Gamma}_K^{\mathrm{T}}(C_Z,X,D_{zu},L)\\ *^{\mathrm{T}} & *^{\mathrm{T}} & \boldsymbol{I} & \boldsymbol{D}_{zw}^{\mathrm{T}}(x(k))\\ *^{\mathrm{T}} & *^{\mathrm{T}} & *^{\mathrm{T}} & \mu\boldsymbol{I}\end{bmatrix}\begin{bmatrix}\boldsymbol{v}_1\\ \boldsymbol{v}_2\\ \boldsymbol{v}_3\\ \boldsymbol{v}_4\end{bmatrix}\in\Phi_{\text{sos}}\tag{5.16}$$

$$\begin{bmatrix}\boldsymbol{v}_1\\ \boldsymbol{v}_2\\ \boldsymbol{v}_3\\ \boldsymbol{v}_4\end{bmatrix}^{\mathrm{T}}\begin{bmatrix}\boldsymbol{P}(\bar{x}(k)) & \boldsymbol{\Gamma}_K(A,X,B_u\rho,L) & \boldsymbol{B}_w(\boldsymbol{x}(k)) & \boldsymbol{0}\\ *^{\mathrm{T}} & \boldsymbol{X}(\bar{x}(k))+\boldsymbol{X}^{\mathrm{T}}(\bar{x}(k))-\boldsymbol{P}(\bar{x}(k+1)) & \boldsymbol{0} & \boldsymbol{\Gamma}_K^{\mathrm{T}}(C_Z,X,D_{zu},L)\\ *^{\mathrm{T}} & *^{\mathrm{T}} & \boldsymbol{I} & \boldsymbol{D}_{zw}^{\mathrm{T}}(x(k))\\ *^{\mathrm{T}} & *^{\mathrm{T}} & *^{\mathrm{T}} & \mu\boldsymbol{I}\end{bmatrix}\begin{bmatrix}\boldsymbol{v}_1\\ \boldsymbol{v}_2\\ \boldsymbol{v}_3\\ \boldsymbol{v}_4\end{bmatrix}\in\Phi_{\text{sos}}\tag{5.17}$$

对于所有的 $\rho\in\{\rho_1,\cdots,\rho_L\}$.其中 $\boldsymbol{v},\boldsymbol{v}_1,\boldsymbol{v}_2,\boldsymbol{v}_3,\boldsymbol{v}_4$ 是标量的向量.那么对于状态反馈率 $\boldsymbol{u}(x(k))=\mathscr{K}(x(k))x(k)$,闭环系统在零平衡是一个渐近的状态,并且闭环系统在正确的或者故障的情形下都有 $\|H_{wz}(\zeta)\|_\infty^2<\mu$.

**证明**　这个定理可以由定理 5.1 中介绍的变量替换方法证明出来,关键点是在矩阵集合 $N_{\rho j}$ 中的不等式(5.9)是仿射的.

证毕.

**注 5.5**　由于 $\boldsymbol{P}(\bar{x}(k+1))$ 的存在会使得 $\boldsymbol{V}(\bar{x}(k))$ 和 $\mathscr{K}(\bar{x}(k))$ 不是凸的集合,因此想要同时求出 $\boldsymbol{V}(\bar{x}(k))$ 和 $\mathscr{K}(\bar{x}(k))$ 是困难的.下面这个定理将这个问题转化为半定规划的问题.记

$$\vec{\boldsymbol{P}}_{i,j}=[p_{i,j}^{(1)},\cdots,p_{i,j}^{(m)}]^{\mathrm{T}}$$

$$\boldsymbol{\Xi}_{(v,p)}=\sum\nolimits_{i,j=1,\cdots,m}v_iv_j\vec{\boldsymbol{P}}_{i,j}$$

$$\begin{aligned}\widetilde{\boldsymbol{P}}(\bar{x}(k+1))&=(\widetilde{p}_{i,j})_{m\times m}\\&=(p_{i,j}^{(0)}+[p_{i,j}^{(1)},\cdots,p_{i,j}^{(m)}]^{\mathrm{T}}\boldsymbol{A}_h(x(k)))x(k))_{m\times m}\end{aligned}$$

**定理 5.3**　假设对于系统(1),存在多项式矩阵 $\boldsymbol{X}(\bar{x}(k)),\boldsymbol{L}(x(k))$ 和对称多项式矩阵 $\boldsymbol{P}(\bar{x}(k)),\boldsymbol{P}(\bar{x}(k+1))$,一个常数 $\varepsilon_1>0$,并且一个平方和 $\varepsilon_2(x(k))$ 具有性质 $\varepsilon_2(x(k))>0$ 对于 $x\neq0$,使得下面的 SOS 优化问题有 $\gamma$ 的零优:

$$\text{minimize}\quad\gamma+\mu$$

$$\text{s.t.}\qquad \boldsymbol{v}^{\mathrm{T}}[\boldsymbol{P}(\bar{x}(k))-\varepsilon_1\boldsymbol{I}]\boldsymbol{v}\in\Phi_{\mathrm{sos}}\tag{5.18}$$

$$\boldsymbol{v}^{\mathrm{T}}[\boldsymbol{P}(\bar{x}(k+1))-\varepsilon_1\boldsymbol{I}]\boldsymbol{v}\in\Phi_{\mathrm{sos}}\tag{5.19}$$

$$\boldsymbol{v}_5^{\mathrm{T}}\begin{bmatrix}\gamma & \boldsymbol{\Xi}_{(v,p)}\boldsymbol{B}_{uh}(x(k))\\ *^{\mathrm{T}} & \boldsymbol{I}\end{bmatrix}\boldsymbol{v}_5\in\Phi_{\mathrm{sos}}\tag{5.20}$$

$$\begin{bmatrix}\boldsymbol{v}_1\\ \boldsymbol{v}_2\\ \boldsymbol{v}_3\\ \boldsymbol{v}_4\end{bmatrix}^{\mathrm{T}}\begin{bmatrix}\boldsymbol{P}(\bar{x}(k)) & \boldsymbol{\Gamma}_K(\boldsymbol{A},X,B_u,L) & \boldsymbol{B}_w(x(k)) & \boldsymbol{0}\\ *^{\mathrm{T}} & X(\bar{x}(k))+\boldsymbol{X}^{\mathrm{T}}(\bar{x}(k))-\widetilde{\boldsymbol{P}}(\bar{x}(k+1)) & \boldsymbol{0} & \boldsymbol{\Gamma}_K^{\mathrm{T}}(C_Z,X,D_{zu},L)\\ *^{\mathrm{T}} & *^{\mathrm{T}} & \boldsymbol{I} & \boldsymbol{D}_{zw}^{\mathrm{T}}(x(k))\\ *^{\mathrm{T}} & *^{\mathrm{T}} & *^{\mathrm{T}} & (\mu-\varepsilon_2(x(k))I\end{bmatrix}\begin{bmatrix}\boldsymbol{v}_1\\ \boldsymbol{v}_2\\ \boldsymbol{v}_3\\ \boldsymbol{v}_4\end{bmatrix}\in\Phi_{\mathrm{sos}}\tag{5.21}$$

$$\begin{bmatrix}\boldsymbol{v}_1\\ \boldsymbol{v}_2\\ \boldsymbol{v}_3\\ \boldsymbol{v}_4\end{bmatrix}^{\mathrm{T}}\begin{bmatrix}\boldsymbol{P}(\bar{x}(k)) & \boldsymbol{\Gamma}_K(A,X,B_{u\rho},L) & \boldsymbol{B}_w(x(k)) & \boldsymbol{0}\\ *^{\mathrm{T}} & \boldsymbol{X}(\bar{x}(k))+\boldsymbol{X}^{\mathrm{T}}(\bar{x}(k))-\widetilde{\boldsymbol{P}}(\bar{x}(k+1)) & \boldsymbol{0} & \boldsymbol{\Gamma}_K^{\mathrm{T}}(C_Z,X,D_{zu},L)\\ *^{\mathrm{T}} & *^{\mathrm{T}} & \boldsymbol{I} & \boldsymbol{D}_{zw}^{\mathrm{T}}(x(k))\\ *^{\mathrm{T}} & *^{\mathrm{T}} & *^{\mathrm{T}} & \mu\boldsymbol{I}\end{bmatrix}\begin{bmatrix}\boldsymbol{v}_1\\ \boldsymbol{v}_2\\ \boldsymbol{v}_3\\ \boldsymbol{v}_4\end{bmatrix}\in\Phi_{\mathrm{sos}}\tag{5.22}$$

对所有的 $\rho\in\{\rho_1,\cdots,\rho_L\}$.其中 $\boldsymbol{v},\boldsymbol{v}_1,\boldsymbol{v}_2,\boldsymbol{v}_3,\boldsymbol{v}_4,\boldsymbol{v}_5$ 是标量的向量.那么对于状态反馈率 $\boldsymbol{u}(x(k))=\mathscr{K}(\boldsymbol{x}(k))\boldsymbol{x}(k)$,闭环系统的零值是一个渐近的状态,并且闭环系统在正确的或者故障的情形下都有 $\| H_{wz}(\zeta)\|_\infty^2<\mu$.

**证明** 记

$$\boldsymbol{P}(\bar{x}(k+1)=(p_{ij}(k+1))_{m\times m} \tag{5.23}$$

$$=(p_{ij}^{(0)}+\sum_{i=1}^{m}p_{ij}^{(l)}\boldsymbol{x}_l(k+1))_{m\times m}$$

$$=(p_{i,j}^{(0)}+[p_{i,j}^{(1)},\cdots,p_{i,j}^{(m)}]^{\mathrm{T}}\times(\boldsymbol{A}(k)+\boldsymbol{B}_u(k)\mathscr{K}(k))\boldsymbol{x}(k))_{m\times m} \tag{5.24}$$

$$\boldsymbol{v}_2^{\mathrm{T}}\boldsymbol{P}(\bar{x}(k+1))\boldsymbol{v}_2=\boldsymbol{v}_2^{\mathrm{T}}\widetilde{\boldsymbol{P}}(\bar{x}(k+1))\boldsymbol{v}_2+\boldsymbol{\Xi}_{(v,p)}\boldsymbol{B}_u(\boldsymbol{x}(k))\mathscr{K}(\boldsymbol{x}(k))\boldsymbol{x}(k) \tag{5.25}$$

可以看出式(5.16)～(5.17)中的非线性项相当于 $\boldsymbol{\Xi}_{(v,p)}\boldsymbol{B}_{uh}(k)\mathscr{K}(k)\boldsymbol{x}(k)$ 和 $\boldsymbol{\Xi}_{(v,p)}\boldsymbol{B}_{uh}(k)\rho\mathscr{K}(k)\boldsymbol{x}(k)$.由 Schur 补定理,

$$\begin{bmatrix}\gamma & \boldsymbol{\Xi}_{(v,p)}\boldsymbol{B}_{uh}(k)\\ *^{\mathrm{T}} & \boldsymbol{I}\end{bmatrix}\geqslant 0 \tag{5.26}$$

意味着$(\boldsymbol{\Xi}_{(v,p)}\boldsymbol{B}_{uh}(k)(\boldsymbol{\Xi}_{(v,p)}\boldsymbol{B}_{uh}(k))^{\mathrm{T}}\leqslant\gamma$.可以看出 $\gamma$ 是非负的.如果 $\gamma$ 的最小值是零,那么 $\boldsymbol{\Xi}_{(v,p)}\boldsymbol{B}_{uh}(k)=0$,它是两个非线性项消失.由性质 5.2,满足(5.20)是(5.26)的松弛平方和.

**注 5.6** 如果 $\mu$ 的优化不为零,由式(5.15)～(5.16)及赫尔德不等式,

$$\begin{aligned}
&-\boldsymbol{v}_4^{\mathrm{T}}\boldsymbol{S}(k)\boldsymbol{v}_4+\boldsymbol{\Xi}_{(v,p)}\boldsymbol{B}_{uh}(k)\boldsymbol{u}(k)\\
&\geqslant\varepsilon_2(x(k))\boldsymbol{v}_4^{\mathrm{T}}\boldsymbol{v}_4+\boldsymbol{\Xi}_{(v,p)}\boldsymbol{B}_{uh}(k)\boldsymbol{u}(k)\\
&\geqslant\varepsilon_2(x(k))\boldsymbol{v}_4^{\mathrm{T}}\boldsymbol{v}_4 n-\sqrt{(\Xi_{(v,p)}B_{uh}(k))\ (\Xi_{(v,p)}B_{uh}(k))^{\mathrm{T}}u\ (k)^{\mathrm{T}}u(k)}\\
&\quad-\boldsymbol{v}_4^{\mathrm{T}}\boldsymbol{S}_\rho(k)\boldsymbol{v}_4+\boldsymbol{\Xi}_{(v,p)}\boldsymbol{B}_{uh}(k)\rho\boldsymbol{u}(k)\\
&\geqslant\varepsilon_2(x(k))\boldsymbol{v}_4^{\mathrm{T}}\boldsymbol{v}_4+\boldsymbol{\Xi}_{(v,p)}\boldsymbol{B}_{uh}(k)\rho\boldsymbol{u}(k)\\
&\geqslant\varepsilon_2(x(k))\boldsymbol{v}_4^{\mathrm{T}}\boldsymbol{v}_4-\sqrt{(\Xi_{(v,p)}B_{uh}(k))\ (\Xi_{(v,p)}B_{uh}(k))^{\mathrm{T}}u\ (k)^{\mathrm{T}}\rho^{\mathrm{T}}\rho u(k)}
\end{aligned}$$

其中 $S$ 和 $S_\rho$ 表示式(5.22)和(5.23).可以看出如果下式

$$\boldsymbol{u}^{\mathrm{T}}\boldsymbol{u}\leqslant\frac{\varepsilon_2^2(x)\ (\boldsymbol{v}^{\mathrm{T}}\boldsymbol{v})^2}{\max\ \{\bar{\rho}_i^k\}^2\boldsymbol{\gamma}} \tag{5.27}$$

成立,我们也可以得到相同的结果.因此,式(5.27)对 $\boldsymbol{\gamma}$ 来说可以用来作为一个标准.当 $\boldsymbol{\mu}$ 和 $\boldsymbol{\gamma}$ 满足式(5.27)时,那么这个容错控制策略的目标就可以得到.所以 $\varepsilon_2(x(k))$ 应该增大来得到控制率是可行的.可以看出如果 $\gamma$ 接近零,式(5.27)可以得到满足.

证毕.

**注 5.7**　进一步,如果常数值 $\varepsilon_2(x)>0$ 对 $\boldsymbol{x}\neq 0$ 成立,那么零平衡点是渐进状态.通常来说上述结果局部成立.但是如果存在一个常数矩阵 $\boldsymbol{P}(\bar{x}(k))=\boldsymbol{P}$,那么就可以证明出大范围的稳定性.

**注 5.8**　定理 5.3 中被提到的结果的优点是它提供了一个凸的包含 SOS 矩阵不等式的条件:

$$\boldsymbol{v}_5^{\mathrm{T}}\begin{bmatrix}\gamma & \boldsymbol{\Xi}_{(v,p)}\boldsymbol{B}_{uh}(x(k))\\ *^{\mathrm{T}} & \boldsymbol{I}\end{bmatrix}\boldsymbol{v}_5\in\Phi_{\mathrm{sos}}$$

可以看出这是一种带有种保守性的计算.如果 $\gamma$ 的最小值是零,那么

$$\boldsymbol{\Xi}_{(v,p)}\boldsymbol{B}_{uh}(x(k))=\boldsymbol{0}$$

则这种保守性可以被彻底地消掉.

# 5.4　仿真算例

考虑具有如下形式的多项式非线性系统:

$$\boldsymbol{A}(k)=\begin{bmatrix}-1+\boldsymbol{x}_1(k) & \dfrac{2}{3}-\boldsymbol{x}_1(k)^2\\ \boldsymbol{x}_1(k) & \boldsymbol{x}_2(k)\end{bmatrix},\boldsymbol{B}_w(k)=\begin{bmatrix}\boldsymbol{x}_1(k) & 1\\ 0 & 0\end{bmatrix},$$

$$\boldsymbol{B}_u(k)=\begin{bmatrix}1 & 0\\ \boldsymbol{x}_1(k) & 2\end{bmatrix},\boldsymbol{C}_z(k)=\begin{bmatrix}1 & 0\end{bmatrix},$$

$$\boldsymbol{D}_{zw}(k)=\begin{bmatrix}0 & 0\\ 6 & 7\end{bmatrix},\boldsymbol{D}_{zu}(k)=\begin{bmatrix}0 & 0\\ 1 & 7\end{bmatrix}.$$

我们选择如下四个模型进行故障仿真.

(1) 标准模型 1:两个执行器都是正常的,$\rho_1^1=\rho_1^1=1$.

(2) 故障模型 2:第一个执行器是中断的,第二个执行器是正常的或失效的,被描述为 $\rho_1^2=0,0.5\leqslant\rho_2^2\leqslant 1$.

(3) 故障模型 3:第二个执行器是中断的,第一个执行器是正常的或失效的,被描述为 $\rho_2^3=0,0.4\leqslant\rho_2^3\leqslant 1$.

(4) 故障模型 4:两个执行器都是正常的或失效的,被描述为 $0.4\leqslant\rho_1^4\leqslant 1$,

$0.6 \leqslant \rho_2^4 \leqslant 1$.

在仿真中采用了如下干扰

$$w_1(k) = w_2(k) = \begin{cases} 1, & 50 \leqslant t \leqslant 51 \\ 0, & \text{其他} \end{cases}$$

通过使用定理 5.3 中的结果,我们构造了一个状态反馈控制器,使得 $\gamma$ 取最小值.$\varepsilon_1$ 和 $\varepsilon_2(\boldsymbol{x}(k))$的值取为 0.1 和 $2(\boldsymbol{x}_1^2(k)+\boldsymbol{x}_2^2(k))$.$\mu$ 的最优值为 1.26. 因此,我们得到由 $w$ 到 $z$ 的 $H_\infty$范数不超过 1.26. 比较而言,不考虑容错机制的状态反馈控制器,当故障发生的时候它的 $H_\infty$范数值是 2.13.在正常工作情况下,这个控制器返还 $H_\infty$的值是 0.97.也就是说,如果不考虑容错要求,这个容错指标对于正常情况而言可以优化得更好,但当故障发生时它就会变得很差.系统状态的响应曲线在图 5-1 中考虑了容错控制,在图 5-2 中没有考虑容错控制.尽管由容错控制设计得到的 $\mu$ 的值是 1.26,它比普通的 0.96 更高,但在故障的情况下,容错执行器的性能得到了保证.

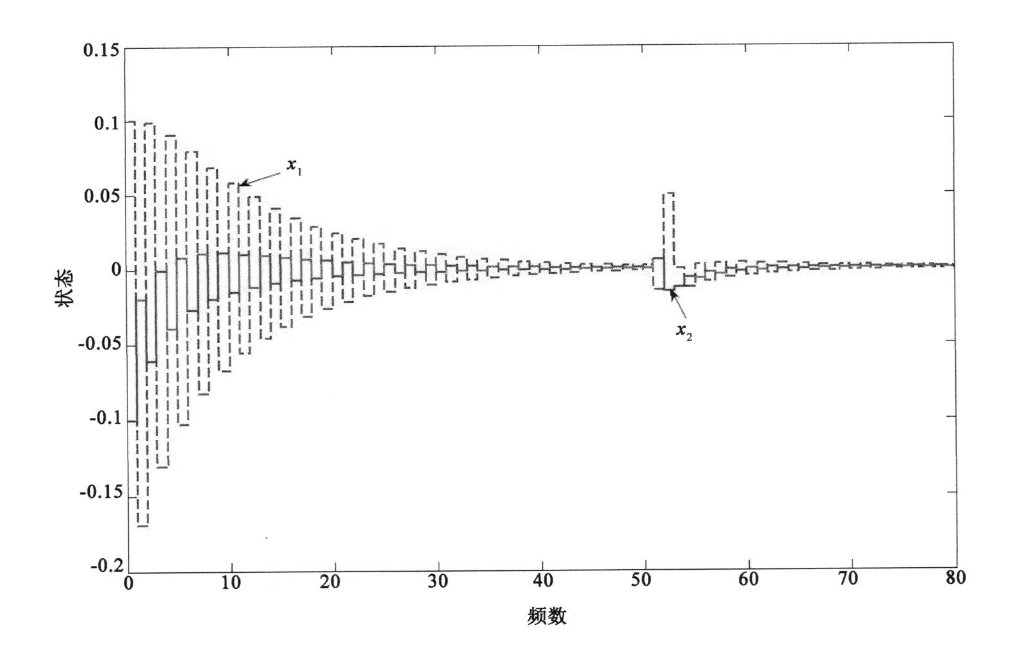


图 5-1　容错状态反馈镇定设计的状态响应曲线

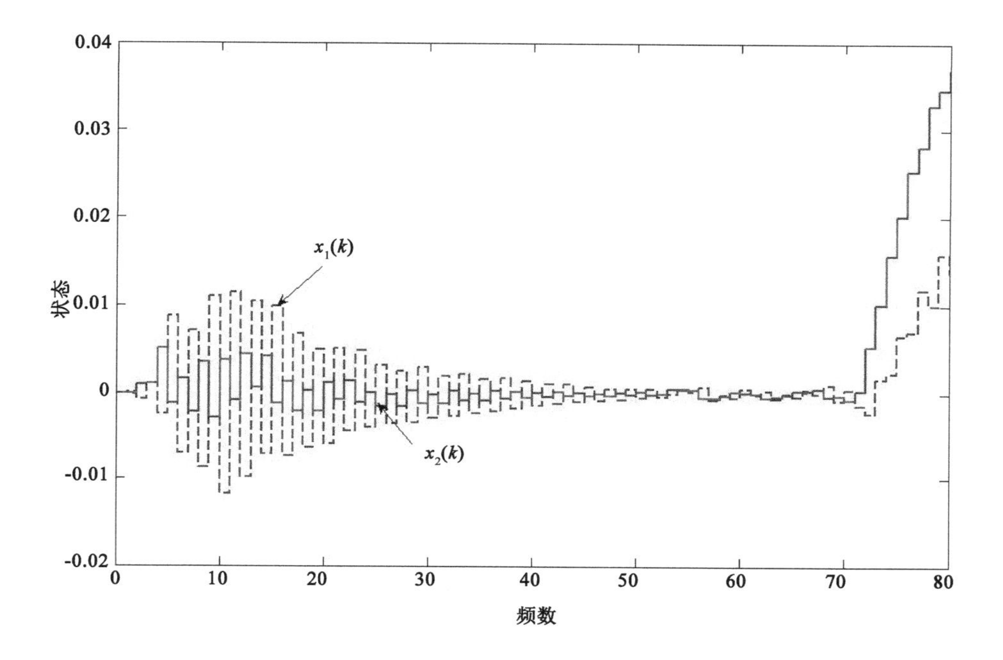


图 5-2 不考虑容错机制对系统中的故障影响

# 5.5 本章小结

本章研究了执行器带有饱和约束的一类多项式非线性离散系统容错控制方法,这种容错控制能够在发生执行器故障的情况下保证 $x \in R^n$ 性能.所考虑的故障被描述为一种多模态的模型.这个模型描述了典型的执行器效率的偏移.本章提出了一种类二次的多项式 Lyapunov 函数,用它来优化性能.本章的主要贡献是使该问题能够转化成一个半正定规划的问题.本章将出现在容错控制器分

析中的非线性项转化为一个指标问题，通过优化一个指标让非线性项的效果达到最小，这样优化问题就变为了如何寻找指标的零值的问题.结合 $f_1(x),\cdots,f_m(x)$的性能，这个优化问题被转化为一个多目标的优化问题，它可以用平方和规划方法来有效地进行求解.最后给出了数值仿真例子来说明所提出的新方法的有效性.

# 第 6 章　传感器饱和约束下一类随机时延系统的同时故障检测与控制

## 6.1　引言

由于对自动控制系统安全性与可靠性的需求日益增加,在过去的几十年里,故障检测与控制问题越来越受到人们的重视.文献[224-225]研究了对于网络系统和非线性系统的故障检测和容错控制问题.在有限频范围内,对于线性参数变化系统,文献[226]给出了一个参数依赖的检测器和控制器的设计方法,来处理同时故障检测和控制问题.在[227]里,综合的检测器与控制器设计问题被考虑,另外,控制器的重构也被研究了,同时也研究了在反馈控制系统中如何设计残差生成器的问题.文献[228]中故障检测与控制问题被转化为研究混合 $H_2/H_\infty$ 优化问题,而且它的解通过研究两个耦合的 Riccati 方程来解决[229].对于一个线性反馈控制系统,主要研究的是一个鲁棒残差生成器的设计问题.但是注意到文献[224-232],它们研究的都是确定性系统.

最近,伊藤型随机系统在机械系统、经济领域等方向得到广泛应用,关于伊藤型随机系统已经有了很多的研究成果,例如,滤波器设计问题在[231-232]中被考虑了,故障检测问题在[233-249]中被研究了,输出反馈控制问题在[236-238]中被考虑了.在实际当中,人们希望把控制和故障检测两个装置设计成一个装置,因为和分开设计相比较,同时的故障检测与控制器设计可以使整个系统的复杂性得到降低.虽然在[239]中,对于一类离散时间的随机系统的主动故障检测和控制问题已经被研究了,但是,对于伊藤型连续型随机系统的同时故障检测和控制问题,目前仍有待解决.

本书考虑传感器饱和约束下 Itô 伊藤型随机时延系统的同时故障检测与控制问题.受[226]中所做的工作启发,设计一个全阶的动态输出反馈控制器,来取得我们想要的检测目标和控制目标.事实上,对于伊藤型随机时延系统的 $H_\infty$ 动态输出反馈控制,相应的控制器设计条件在[226]中已经得到了,但是是非凸的,另外,对于多目标的控制问题,[226]采用的是单一的李雅普诺夫函数方法,这样可能引入保守性.尽管基于线性矩阵不等式的控制器的设计方法在[237]当中已经提出,但是[237]利用李雅普诺夫函数方法仅仅研究了稳定性问题,基于以上讨论,本书的主要贡献如下:① 对于传感器饱和约束下随机时延系统,带有多目标的控制器设计问题,可以利用多 Lyapunov 函数方法来处理;② 动态输出反馈控制器的设计条件可以利用线性矩阵不等式来描述;③ 在我们所提出的故障检测和控制的框架内,得到了一个更好的、综合的控制与检测性能.

本章需要用到的记号:

一个矩阵,如果它的主对角线上的元素是矩阵块儿 $\boldsymbol{X}_1,\boldsymbol{X}_2,\cdots,\boldsymbol{X}_n$,则此矩阵记作 $\mathrm{diag}(\boldsymbol{X}_1,\boldsymbol{X}_2,\cdots,\boldsymbol{X}_n)$,上标 T 代表矩阵的转置,$R^n$ 代表 $n$ 维欧氏空间,$\boldsymbol{P}>\boldsymbol{0}$ 表示 $\boldsymbol{P}$ 是一个实的、对称的正定矩阵,$\boldsymbol{I}$ 表示单位阵,$\boldsymbol{0}$ 表示 $\boldsymbol{0}$ 矩阵,$(\Omega,\Gamma,\Psi)$ 代表采样 $\Omega$ 上的一个概率空间,$\boldsymbol{\Gamma}$ 是一个采样空间 $\Omega$ 上的 $\sigma$ 代数,$\Psi$ 是一个概率测度,$E\{\cdot\}$ 是关于概率测度 $\Psi$ 的一个期望算子,在块儿对称矩阵中用($*$)表示对称项,矩阵 $\boldsymbol{A}$ 与 $\boldsymbol{A}^{\mathrm{T}}$ 的和记作 $He(A):=\boldsymbol{A}+\boldsymbol{A}^{\mathrm{T}}$,向量函数 $\boldsymbol{f}(t)$ 的 $L_2$ 范数记作 $\|\boldsymbol{f}(t)\|_{L_2}=\{\int_0^\infty \boldsymbol{f}^{\mathrm{T}}(t)\boldsymbol{f}(t)\mathrm{d}t\}^{\frac{1}{2}}$.

下面介绍运动功能评价的主要内容.

# 6.2　问题描述和预备知识

考虑定义在概率空间$(\Omega,\boldsymbol{\Gamma},\Psi)$上的伊藤型随机时延系统：

$$\begin{aligned}
&\mathrm{d}x(t)=[\boldsymbol{A}\boldsymbol{x}(t)+\boldsymbol{B}\boldsymbol{u}(t)+\boldsymbol{B}_v\boldsymbol{v}(t)+\boldsymbol{B}_f f(t)]\mathrm{d}t+\boldsymbol{E}\boldsymbol{x}(t-\tau(t))\mathrm{d}\omega(t),\\
&y(t)=\boldsymbol{C}\boldsymbol{x}(t)+\boldsymbol{D}_v\boldsymbol{v}(t)+\boldsymbol{D}_f f(t),\\
&z(t)=\boldsymbol{C}_z\boldsymbol{x}(t)+\boldsymbol{D}_z\boldsymbol{u}(t),\\
&x(s)=\varphi(s),s\in[-d,0]
\end{aligned}\tag{6.1}$$

这里$\boldsymbol{x}(t)\in R_n$是状态空间向量，$\boldsymbol{y}(t)\in R^{n_y}$是可测输出信号，$\boldsymbol{u}(t)\in R^{n_u}$是控制信号，特别地，$\boldsymbol{z}(t)\in R^{n_z}$是被控输出，$\boldsymbol{\omega}(t)$是定义在概率空间$(\Omega,\boldsymbol{\Gamma},\Psi)$上的一个一维布朗运动，满足：

$$E[\mathrm{d}\omega(t)]=0,E[\mathrm{d}\omega^2(t)]=\mathrm{d}t$$

这里$\boldsymbol{A},\boldsymbol{B},\boldsymbol{B}_v,\boldsymbol{B}_f,\boldsymbol{E},\boldsymbol{C},\boldsymbol{D}_v,\boldsymbol{D}_f,\boldsymbol{C}_z,\boldsymbol{D}_z$是已知的适当维数的矩阵. $\boldsymbol{f}(t)\in R^{nf}$是故障信号，$\boldsymbol{v}(t)\in R^{n_v}$是未知的随机扰动输入，满足：$\boldsymbol{v}(t)\in L_{E2}([0,\infty);R^{n_v})$，这里$L_{E2}([0,\infty);R^{n_p})$是非预料平方可积，相对于$(\boldsymbol{\Gamma}(t))_{t\geqslant 0}$的随机过程$g(\cdot)=(g(t))_{t\geqslant 0}$.

满足：

$$\|g\|_{E2}=\{E\int_0^{+\infty}\|\boldsymbol{g}(t)\|^2\mathrm{d}t\}^{\frac{1}{2}}=\{\int_0^{+\infty}E\|\boldsymbol{g}(t)\|^2\mathrm{d}t\}^{\frac{1}{2}}$$

这里$\|\boldsymbol{g}(t)\|^2=\boldsymbol{g}(t)^{\mathrm{T}}\boldsymbol{g}(t)$.

时延$\tau(t)$是一个时变的连续函数，满足

$$0\leqslant\dot{\tau}(t)\leqslant\mu<1\tag{6.2}$$

$\mu$是一个已知常数，$\varphi(s)$是一个定义在$[-d,0]$上的连续初始函数.

**假设 6.1**　$(A,B)$是稳定的，且$(C,A)$是可检测的.

**假设 6.2**　假设$n_y\geqslant n_f$，且故障$f(t)$属于$L_2$空间.

接下来设计一个检测器和控制器$\boldsymbol{K}$，生成一个残差信号$\boldsymbol{r}(t)$，用来检测故障$\boldsymbol{f}(t)$，并且生成一个控制信号$\boldsymbol{u}(t)$满足一些控制目标.

$K$ 的状态空间表达式为:

$$\begin{aligned} d\boldsymbol{x}_c(t) &= [\boldsymbol{A}_c\boldsymbol{x}_c(t) + \boldsymbol{B}_c\boldsymbol{y}(t)]dt, \\ \boldsymbol{r}(t) &= \boldsymbol{N}_c\boldsymbol{x}_c(t), \\ \boldsymbol{u}(t) &= \boldsymbol{L}_c\boldsymbol{x}_c(t) \end{aligned} \tag{6.3}$$

这里 $\boldsymbol{x}_c(t)$表示检测器和控制器的状态,$\boldsymbol{r}(t)$是残差信号,$\boldsymbol{A}_c$,$\boldsymbol{B}_c$,$\boldsymbol{N}_c$,$\boldsymbol{L}_c$ 是需要设计的适当维数的矩阵.我们假设这个检测器和控制器的阶数和系统(1)的阶数是相等的.

令

$$\boldsymbol{r}_f(t) = \boldsymbol{r}(t) - \boldsymbol{f}(t)$$

结合式(6.1)和(6.3),可得到如下的一个增广系统

$$\begin{aligned} d\boldsymbol{\xi}(t) &= [\bar{\boldsymbol{A}}\boldsymbol{\xi}(t) + \bar{\boldsymbol{B}}_v\boldsymbol{v}(t) + \bar{\boldsymbol{B}}_f\boldsymbol{f}(t)]dt + \bar{\boldsymbol{E}}\boldsymbol{\xi}(t-\tau(t))d\omega(t), \\ \boldsymbol{r}_f(t) &= \bar{\boldsymbol{C}}\boldsymbol{\xi}(t) - \boldsymbol{f}(t), \\ \boldsymbol{z}(t) &= \bar{\boldsymbol{C}}_z\boldsymbol{\xi}(t) \end{aligned} \tag{6.4}$$

其中

$$\begin{aligned} &\bar{\boldsymbol{A}} = \begin{pmatrix} \boldsymbol{A} & \boldsymbol{B}\boldsymbol{L}_c \\ \boldsymbol{B}_c\boldsymbol{C} & \boldsymbol{A}_c \end{pmatrix}, \bar{\boldsymbol{B}}_v = \begin{pmatrix} \boldsymbol{B}_v \\ \boldsymbol{B}_c\boldsymbol{D}_v \end{pmatrix}, \bar{\boldsymbol{B}}_f = \begin{pmatrix} \boldsymbol{B}_f \\ \boldsymbol{B}_c\boldsymbol{D}_f \end{pmatrix} \\ &\bar{\boldsymbol{E}} = \begin{pmatrix} \boldsymbol{E} & \boldsymbol{0} \\ \boldsymbol{0} & \boldsymbol{0} \end{pmatrix}, \bar{\boldsymbol{C}}_z = (\boldsymbol{C}_z \quad \boldsymbol{D}_z\boldsymbol{L}_c), \bar{\boldsymbol{C}} = (\boldsymbol{0} \quad \boldsymbol{N}_c) \end{aligned} \tag{6.5}$$

下面介绍关于随机系统(6.4)的一些定义,这些定义对于以下讨论是非常必要的.

**定义 6.1** 在没有扰动 $\boldsymbol{v}(t)$的情况下,如果解 $\boldsymbol{\xi}(t)$满足$\lim\limits_{t\to\infty}E\{\|\boldsymbol{\xi}(t)\|^2\}=0$,其中 $\|\boldsymbol{\xi}(t)\|^2=\boldsymbol{\xi}(t)^{\mathrm{T}}\boldsymbol{\xi}(t)$,在随机系统(6.4)中的平衡点 $\boldsymbol{\xi}^*=\boldsymbol{0}$ 意味着平方渐进稳定.

**定义 6.2** 给定一个常数 $\gamma>0$,如果当 $\boldsymbol{v}(t)=0$,$\boldsymbol{f}(t)=0$ 时,随机系统(4)是均方渐进稳定的,并且在零初始条件下,对于任何非零 $v(t)\in L_{E2}([0,\infty);R^{nv})$,满足

$$E\{\int_0^{+\infty}\|r_f(t)\|^2dt\} \leqslant \gamma^2E\{\int_0^{+\infty}\|v(t)\|^2dt\} \tag{6.6}$$

则称随机系统(6.4)具有 $L_{E2}$-$L_{E2}$ 扰动性能界 $\gamma$ 的均方渐进稳定.即

$$\|r\|_{E2}^2 \leqslant \gamma^2\|v\|_{E2}^2 \tag{6.7}$$

基于以上的分析,我们考虑的同时故障检测与控制问题描述如下:

(1) 对于控制目标,对于控制输出 $\boldsymbol{z}(t)$ ,应该最小化外部扰动的作用,即对

于预先给定的性能界 $\gamma_1>0$,应该满足条件

$$\|\boldsymbol{z}\|_{E2}^2 \leqslant \gamma_1^2 \|\boldsymbol{v}\|_{E2}^2 \tag{6.8}$$

(2) 对于检测目标,最小化外部扰动和故障对故障估计误差 $\boldsymbol{r}_f(t)$ 的影响,即对于事先给定的常数 $\gamma_2>0,\gamma_3>0$,下面两个不等式应该满足:

$$\|\boldsymbol{r}_f\|_{E2}^2 \leqslant \gamma_2^2 \|\boldsymbol{v}\|_{E2}^2 \tag{6.9}$$

$$\|\boldsymbol{r}_f\|_{E2}^2 \leqslant \gamma_3^2 \|\boldsymbol{f}\|_2^2 \tag{6.10}$$

**注 6.1**　式(6.8)所表示的是从外部扰动 $\boldsymbol{v}(t)$ 到控制输出 $\boldsymbol{z}(t)$ 的随机 $H_\infty$ 性能问题,这些方法在文献[231-233]中已经这样应用,由于大多数时间内,系统都是正常运行的,所以从故障 $\boldsymbol{f}(t)$ 到控制输出 $\boldsymbol{z}(t)$ 的随机 $H_\infty$ 性能没有被考虑.另外,式(6.9)和(6.10)描述的是故障检测性能.类似[230],式(6.8)~式(6.10)可以被看作随机意义下的小增益性能.

下面我们给出一些引理:

**引理 6.1**[231]　令 $x(t)$ 为一个具有如下形式的 $n$ 维 Itô 随机过程($t>0$),它的 Itô 微分运算为

$$\mathrm{d}x(t)=f(t)\mathrm{d}t+g(t)\mathrm{d}\omega(t)$$

其中 $\boldsymbol{f}(t)\in R^n,\boldsymbol{g}(t)\in R^{n\times m}$.令 $V(x,t)\in C^{2,1}(R^n\times R^+;R^+)$.$V(x,t)$ 是一个实值 Itô 随机过程,它的 Itô 随机微分运算为

$$\mathrm{d}\boldsymbol{V}(x,t)=L\boldsymbol{V}(x,t)\mathrm{d}t+\boldsymbol{V}_x(x,t)\boldsymbol{g}(t)\mathrm{d}\omega(t) \tag{6.11}$$

$$L\boldsymbol{V}(x,t)=\boldsymbol{V}_t(x,t)+\boldsymbol{V}_x(x,t)\boldsymbol{f}(t)+\frac{1}{2}\mathrm{trace}(\boldsymbol{g}^{\mathrm{T}}(t)\boldsymbol{V}_{xx}(x,t)\boldsymbol{g}(t)) \tag{6.12}$$

其中 $C^{2,1}$ 表示由所有定义在 $R^n\times R^+$ 上的实值连续二次可微函数 $\boldsymbol{V}(x,t)$ 构成的集合.如果 $V(x,t)\in C^{2,1}(R^n\times R^+;R^+)$,我们定义

$$\boldsymbol{V}_t(x,t)=\frac{\partial V(x,t)}{\partial t},\boldsymbol{V}_{xx}(x,t)=\left(\frac{\partial \boldsymbol{v}^2(x,t)}{\partial x_i x_j}\right)_{n\times n},$$

$$\boldsymbol{V}_x(x,t)=\left(\frac{\partial V(x,t)}{\partial x_1}\quad\cdots\quad\frac{\partial \boldsymbol{V}(x,t)}{\partial x_n}\right) \tag{6.13}$$

**引理 6.2(Finsler 引理**[235]**)**　令 $\boldsymbol{\xi}\in C^n,\boldsymbol{\Phi}\in C^{n\times n}$ 和 $\boldsymbol{\Pi}\in C^{n\times m}$,同时 $\boldsymbol{\Pi}^\perp$ 为任一满足 $\boldsymbol{\Pi}^\perp\boldsymbol{\Pi}=0$ 的矩阵,则下面的陈述是互相等价的:

(1) $\boldsymbol{\xi}^*\boldsymbol{\Phi}\boldsymbol{\xi}<\boldsymbol{0},\forall\boldsymbol{\Pi}^*\boldsymbol{\xi}=\boldsymbol{0},\xi\neq\boldsymbol{0}$;

(2) $\boldsymbol{\Pi}^\perp\boldsymbol{\Phi}\boldsymbol{\Pi}^{\perp *}<\boldsymbol{0}$;

(3) $\exists\mu\in R:\boldsymbol{\Phi}-\boldsymbol{\mu}\boldsymbol{\Pi}\boldsymbol{\Pi}^*<\boldsymbol{0}$;

(4) $\exists\boldsymbol{X}\in R^{m\times n}:\boldsymbol{\Phi}+\boldsymbol{\Pi}\boldsymbol{X}+\boldsymbol{X}^*\boldsymbol{\Pi}^*<\boldsymbol{0}$.

**引理 6.3(投影引理**[246]**)**　给定矩阵 $\boldsymbol{U},\boldsymbol{V},\boldsymbol{\Theta}$,则一定存在一个矩阵 $\boldsymbol{F}$ 满足

$$\boldsymbol{U}^{\mathrm{T}}\boldsymbol{F}\boldsymbol{V}+\boldsymbol{v}^{\mathrm{T}}\boldsymbol{F}\boldsymbol{U}+\boldsymbol{\Theta}<\boldsymbol{0} \tag{6.14}$$

当且仅当下面两个条件成立

$$\boldsymbol{N}_U^{\mathrm{T}}\boldsymbol{\Theta}\boldsymbol{N}_U<\boldsymbol{0} \tag{6.15}$$

$$\boldsymbol{N}_V^{\mathrm{T}}\boldsymbol{\Theta}\boldsymbol{N}_V<\boldsymbol{0} \tag{6.16}$$

其中矩阵 $\boldsymbol{N}_U$ 和矩阵 $\boldsymbol{N}_V$ 的列分别由可张成 $\boldsymbol{U}$ 和 $\boldsymbol{V}$ 的零化空间的基向量构成.

# 6.3 基于多目标优化的故障诊断检测器和控制器设计

在本节中,对于性能(6.8)~(6.10),我们首先给出了一些充分的线性矩阵不等式条件,然后把检测器和控制器设计问题转化为一个多目标优化问题.

如果存在一些矩阵满足如下的线性矩阵不等式条件,则性能(6.8)成立.

**定理 6.1** 给出一些常数 $\gamma_1>0,\varepsilon>0,1>\mu>0$,如果存在矩阵 $\boldsymbol{V},\boldsymbol{K},\boldsymbol{M},\boldsymbol{L},\tilde{\boldsymbol{P}}_1>0,\boldsymbol{Q}_1>0$ 和对称矩阵 $\boldsymbol{X},\boldsymbol{Y}$,满足如下不等式:

$$\begin{bmatrix}
-He(\tilde{\boldsymbol{W}}) & \tilde{\boldsymbol{P}}_1-\tilde{\boldsymbol{W}}+\tilde{\boldsymbol{A}} & \tilde{\boldsymbol{B}}_v & \boldsymbol{0} & \boldsymbol{0} & \boldsymbol{0} & \boldsymbol{0} & \boldsymbol{0} \\
* & -He(\tilde{\boldsymbol{A}}) & \tilde{\boldsymbol{B}}_v & \boldsymbol{0} & \tilde{\boldsymbol{C}}_z^{\mathrm{T}} & \boldsymbol{\Gamma}^{\mathrm{T}} & \boldsymbol{0} & \boldsymbol{0} \\
* & * & -\gamma_1^2\boldsymbol{I} & \boldsymbol{0} & \boldsymbol{0} & \boldsymbol{0} & \boldsymbol{0} & \boldsymbol{0} \\
* & * & * & (\mu-1)\boldsymbol{Q}_1 & \boldsymbol{0} & \boldsymbol{0} & \bar{\boldsymbol{E}}^{\mathrm{T}} & \boldsymbol{0} \\
* & * & * & * & -\boldsymbol{I} & \boldsymbol{0} & \boldsymbol{0} & \boldsymbol{0} \\
* & * & * & * & * & -2\boldsymbol{I}+\boldsymbol{Q}_1 & \boldsymbol{0} & \boldsymbol{0} \\
* & * & * & * & * & * & \frac{1}{\varepsilon^2}\tilde{\boldsymbol{P}}_1-He(\boldsymbol{\Lambda}\boldsymbol{\Gamma}) & \boldsymbol{a}_{78} \\
* & * & * & * & * & * & * & -2\boldsymbol{I}
\end{bmatrix}<\boldsymbol{0} \tag{6.17}$$

其中

$$\begin{pmatrix} \tilde{\boldsymbol{A}} & \tilde{\boldsymbol{B}}_v \\ \tilde{\boldsymbol{C}}_z & \boldsymbol{0} \end{pmatrix} := \begin{pmatrix} \boldsymbol{AY}+\boldsymbol{BM} & \boldsymbol{A} & \boldsymbol{B}_v \\ \boldsymbol{K} & \boldsymbol{AX}+\boldsymbol{LC} & \boldsymbol{XB}_v+\boldsymbol{LD}_v \\ \boldsymbol{C}_z\boldsymbol{Y}+\boldsymbol{D}_z\boldsymbol{M} & \boldsymbol{C}_z & \boldsymbol{0} \end{pmatrix}$$

$$\boldsymbol{\Lambda} = \begin{pmatrix} \boldsymbol{I} & \boldsymbol{I} \\ \boldsymbol{I} & \boldsymbol{0} \end{pmatrix}$$

$$\boldsymbol{\Gamma} = \begin{pmatrix} \boldsymbol{Y} & \boldsymbol{I} \\ \boldsymbol{v}^{\mathrm{T}} & \boldsymbol{0} \end{pmatrix}$$

$$\boldsymbol{a}_{78} = (1-\frac{1}{\varepsilon})\boldsymbol{\Gamma}^{\mathrm{T}} + \boldsymbol{\Lambda}$$

$$\tilde{\boldsymbol{W}} = \begin{pmatrix} \boldsymbol{Y} & \boldsymbol{I} \\ \boldsymbol{I} & \boldsymbol{X} \end{pmatrix} > \boldsymbol{0} \tag{6.18}$$

则系统(6.4)就是均方渐进稳定的并且具有性能(6.8)

$$\boldsymbol{E}\{\int_0^{+\infty} \| \boldsymbol{z}(t) \|^2 \mathrm{d}t\} \leqslant \gamma_1^2 \boldsymbol{E}\{\int_0^{+\infty} \| v(t) \|^2 \mathrm{d}t\} \tag{6.19}$$

**证明**　对于随机系统(6.4),我们采用如下的李亚普诺夫函数

$$\boldsymbol{V}(\boldsymbol{\xi}(t),t) = \boldsymbol{\xi}^{\mathrm{T}}(t)\boldsymbol{P}_1\boldsymbol{\xi}(t) + \int_{t-\tau(t)}^{t} \boldsymbol{\xi}^{\mathrm{T}}(s)\boldsymbol{Q}_1\boldsymbol{\xi}(s)\mathrm{d}s \tag{6.20}$$

其中 $\boldsymbol{P}_1$ 和 $\boldsymbol{Q}_1$ 是正定矩阵.根据伊藤公式,得到

$$\mathrm{d}\boldsymbol{V}(\boldsymbol{\xi}(t),t) = \boldsymbol{LV}(\boldsymbol{\xi}(t),t)\mathrm{d}t + 2\boldsymbol{\xi}^{\mathrm{T}}(t)\boldsymbol{P}_1\bar{\boldsymbol{E}}\boldsymbol{\xi}(t-\tau(t))\mathrm{d}\boldsymbol{\omega}(t) \tag{6.21}$$

其中

$$\begin{aligned} \boldsymbol{LV}(\boldsymbol{\xi}(t),t) &= 2\boldsymbol{\xi}^{\mathrm{T}}(t)\boldsymbol{P}_1(\bar{\boldsymbol{A}}\boldsymbol{\xi}(t) + \bar{\boldsymbol{B}}_v v(t)) + \boldsymbol{\xi}^{\mathrm{T}}(t)\boldsymbol{Q}_1\boldsymbol{\xi}(t) + \\ &\quad \boldsymbol{\xi}^{\mathrm{T}}(t-\tau(t))((\dot{\tau}(t)-1)\boldsymbol{Q}_1 + \bar{\boldsymbol{E}}^{\mathrm{T}}\boldsymbol{P}_1\bar{\boldsymbol{E}})\boldsymbol{\xi}(t-\boldsymbol{\tau}(t)) \\ &\leqslant 2\boldsymbol{\xi}^{\mathrm{T}}(t)\boldsymbol{P}_1(\bar{\boldsymbol{A}}\boldsymbol{\xi}(t) + \bar{\boldsymbol{B}}_v \boldsymbol{v}(t)) + \boldsymbol{\xi}^{\mathrm{T}}(t)\boldsymbol{Q}_1\boldsymbol{\xi}(t) + \\ &\quad \boldsymbol{\xi}^{\mathrm{T}}(t-\tau(t))((\mu-1)\boldsymbol{Q}_1 + \bar{\boldsymbol{E}}^{\mathrm{T}}\boldsymbol{P}_1\bar{\boldsymbol{E}})\boldsymbol{\xi}(t-\tau(t)) \end{aligned}$$

现在对于扰动抑制性能(6.8),我们建立一个条件,假设一个零初始条件,即对于 $t\in[-d,0]$,有 $\boldsymbol{\xi}=\boldsymbol{0}$.

于是,我们考虑如下的性能指标:

$$\boldsymbol{J}(t) = \boldsymbol{E}\int_0^t [\boldsymbol{r}^{\mathrm{T}}(s) - \gamma_1^2 \boldsymbol{v}^{\mathrm{T}}(s)\boldsymbol{v}(s)]\mathrm{d}s \tag{6.22}$$

其中 $t>0$.

接下来的目标是证明 $J(t)<0$.

利用伊藤积分性质,对式(6.21)两端同时从 0 到 $t$ 积分,然后取期望,得到

$$E(V(\boldsymbol{\xi}(t),t) - V(\boldsymbol{\xi}(0),0)) = E\int_0^t LV(\boldsymbol{\xi}(s),s)\mathrm{d}s$$

在具有零初始条件下，并且满足 $EV(\boldsymbol{\xi}(t),t)\geqslant 0$，可以得到对于任何非零 $v(t)$ 和 $t>0$，我们有

$$\begin{aligned}J(t)&=E\int_0^t[\boldsymbol{r}^{\mathrm{T}}(s)\boldsymbol{r}(s)-\gamma_1^2\boldsymbol{v}^{\mathrm{T}}(s)\boldsymbol{v}(s)+LV(\boldsymbol{\xi}(s),s)]\mathrm{d}s-EV(\boldsymbol{\xi}(t),t)\\&\leqslant E\int_0^t[\boldsymbol{r}^{\mathrm{T}}(s)\boldsymbol{r}(s)-\gamma_1^2\boldsymbol{v}^{\mathrm{T}}(s)\boldsymbol{v}(s)+LV(\boldsymbol{\xi}(s),s)]\mathrm{d}s\\&=E\int_0^t\boldsymbol{\zeta}^{\mathrm{T}}(s)\boldsymbol{\Xi}\boldsymbol{\zeta}(s)\mathrm{d}s.\end{aligned}$$

其中

$$\boldsymbol{\Xi}=\begin{pmatrix}He(\boldsymbol{P}_1\bar{\boldsymbol{A}})+\boldsymbol{Q}_1+\bar{\boldsymbol{C}}_z^{\mathrm{T}}\bar{\boldsymbol{C}}_z & \boldsymbol{P}_1\bar{\boldsymbol{B}}_v & \boldsymbol{0}\\ * & -\gamma_1^2 I & \boldsymbol{0}\\ * & * & (\mu-1)\boldsymbol{Q}_1+\bar{\boldsymbol{E}}^{\mathrm{T}}\boldsymbol{P}_1\bar{\boldsymbol{E}}\end{pmatrix}$$

其中

$$\boldsymbol{\zeta}(t)=(\boldsymbol{\xi}^{\mathrm{T}}(t)\quad \boldsymbol{v}^{\mathrm{T}}(t)\quad \boldsymbol{\xi}^{\mathrm{T}}(t-\tau(t)))^{\mathrm{T}}$$

为了证明 $\boldsymbol{J}(t)<\boldsymbol{0}$，我们只需证明

$$\boldsymbol{\Xi}<\boldsymbol{0}. \tag{6.23}$$

显然，(6.23)等价于如下的不等式

$$\begin{pmatrix}\bar{\boldsymbol{A}} & \bar{\boldsymbol{B}}_v & \boldsymbol{0}\\ \boldsymbol{I} & \boldsymbol{0} & \boldsymbol{0}\\ \boldsymbol{0} & \boldsymbol{I} & \boldsymbol{0}\\ \boldsymbol{0} & \boldsymbol{0} & I\end{pmatrix}^{\mathrm{T}}\begin{pmatrix}\boldsymbol{0} & \boldsymbol{P}_1 & \boldsymbol{0} & \boldsymbol{0}\\ * & \boldsymbol{Q}_1\bar{\boldsymbol{C}}_z^{\mathrm{T}}\bar{\boldsymbol{C}}_z & \boldsymbol{0} & \boldsymbol{0}\\ * & * & -\gamma_1^2\boldsymbol{I} & \boldsymbol{0}\\ * & * & * & (\mu-1)\boldsymbol{Q}_1+\bar{\boldsymbol{E}}^{\mathrm{T}}\boldsymbol{P}_1\bar{\boldsymbol{E}}\end{pmatrix}\begin{pmatrix}\bar{\boldsymbol{A}} & \bar{\boldsymbol{B}}_v & \boldsymbol{0}\\ \boldsymbol{I} & \boldsymbol{0} & \boldsymbol{0}\\ \boldsymbol{0} & \boldsymbol{I} & \boldsymbol{0}\\ \boldsymbol{0} & \boldsymbol{0} & \boldsymbol{I}\end{pmatrix}<\boldsymbol{0} \tag{6.24}$$

此式和式(6.15)具有相同的形式.

另一方面，

$$\begin{pmatrix}\boldsymbol{0}\\ \boldsymbol{0}\\ \boldsymbol{I}\\ \boldsymbol{0}\end{pmatrix}^{\mathrm{T}}\begin{pmatrix}\boldsymbol{0} & \boldsymbol{P}_1 & \boldsymbol{0} & \boldsymbol{0}\\ * & \boldsymbol{Q}_1\bar{\boldsymbol{C}}_z^{\mathrm{T}}\bar{\boldsymbol{C}}_z & \boldsymbol{0} & \boldsymbol{0}\\ * & * & -\gamma_1^2\boldsymbol{I} & \boldsymbol{0}\\ * & * & * & (\mu-1)\boldsymbol{Q}_1+\bar{\boldsymbol{E}}^{\mathrm{T}}\boldsymbol{P}_1\bar{\boldsymbol{E}}\end{pmatrix}\begin{pmatrix}\boldsymbol{0}\\ \boldsymbol{0}\\ \boldsymbol{I}\\ \boldsymbol{0}\end{pmatrix}<\boldsymbol{0} \tag{6.25}$$

此式和式(6.16)具有相同的形式.

于是根据投影引理 6.3 和核空间计算，式(6.23)成立当且仅当如下不等式成立：

$$\begin{pmatrix} \mathbf{0} & \mathbf{P}_1 & \mathbf{0} & \mathbf{0} \\ * & \mathbf{Q}_1\bar{\mathbf{C}}_z^{\mathrm{T}}\bar{\mathbf{C}}_z & \mathbf{0} & \mathbf{0} \\ * & * & -\gamma_1^2\mathbf{I} & \mathbf{0} \\ * & * & * & (\mu-1)\mathbf{Q}_1+\bar{\mathbf{E}}^{\mathrm{T}}\mathbf{P}_1\bar{\mathbf{E}} \end{pmatrix} + He\left(\begin{pmatrix} -\mathbf{I} \\ \bar{\mathbf{A}}_i^{\mathrm{T}} \\ \bar{\mathbf{B}}_{vi}^{\mathrm{T}} \\ \mathbf{0} \end{pmatrix} \mathbf{W} \begin{pmatrix} \mathbf{I} & \mathbf{0} & \mathbf{0} & \mathbf{0} \\ \mathbf{0} & \mathbf{I} & \mathbf{0} & \mathbf{0} \\ \mathbf{0} & \mathbf{0} & \mathbf{0} & \mathbf{I} \end{pmatrix}\right) < \mathbf{0} \tag{6.26}$$

其中 $\mathbf{W}=(\mathbf{W}_1\quad \mathbf{W}_2\quad \mathbf{W}_3)$是通过引理 6.3 引入的一个额外矩阵变量，利用舒尔补矩阵的定义，并记 $\mathbf{W}_1=\mathbf{W}_2$，$\mathbf{W}_3=\mathbf{0}$，则式(6.26)可以被重新写为下面的形式：

$$\begin{pmatrix} -He(W) & \mathbf{P}_1-\mathbf{W}+\mathbf{W}^{\mathrm{T}}\bar{\mathbf{A}} & \mathbf{W}^{\mathrm{T}}\bar{\mathbf{B}}_v & \mathbf{0} & \mathbf{0} & \mathbf{0} & \mathbf{0} \\ * & He(\bar{A}W) & \mathbf{W}^{\mathrm{T}}\bar{\mathbf{B}}_v & \mathbf{0} & \bar{\mathbf{C}}_z^{\mathrm{T}} & \mathbf{I} & \mathbf{0} \\ * & * & -\gamma_1^2\mathbf{I} & \mathbf{0} & \mathbf{0} & \mathbf{0} & \mathbf{0} \\ * & * & * & (\mu-1)\mathbf{Q}_1 & \mathbf{0} & \mathbf{0} & \bar{\mathbf{E}}^{\mathrm{T}} \\ * & * & * & * & -\mathbf{I} & \mathbf{0} & \mathbf{0} \\ * & * & * & * & * & -\mathbf{Q}_1^{-1} & \mathbf{0} \\ * & * & * & * & * & * & -\mathbf{P}_1^{-1} \end{pmatrix} < \mathbf{0} \tag{6.27}$$

因为 $\mathbf{P}_1$ 是正定矩阵，所以不等式$(\mathbf{P}_1-\varepsilon I)\mathbf{P}_1^{-1}(\mathbf{P}_1-\varepsilon I)\geqslant \mathbf{0}$ 成立.
则可以建立

$$-\mathbf{P}_1^{-1}\leqslant \frac{1}{\varepsilon^2}\mathbf{P}_1-\frac{2}{\varepsilon}\mathbf{I},$$

进一步得到

$$\begin{pmatrix} -He(W) & \mathbf{P}_1-\mathbf{W}+\mathbf{W}^{\mathrm{T}}\bar{\mathbf{A}} & \mathbf{W}^{\mathrm{T}}\bar{\mathbf{B}}_v & \mathbf{0} & \mathbf{0} & \mathbf{0} & \mathbf{0} \\ * & He(\bar{A}W) & \mathbf{W}^{\mathrm{T}}\bar{\mathbf{B}}_v & \mathbf{0} & \bar{\mathbf{C}}_z^{\mathrm{T}} & \mathbf{I} & \mathbf{0} \\ * & * & -\gamma_1^2\mathbf{I} & \mathbf{0} & \mathbf{0} & \mathbf{0} & \mathbf{0} \\ * & * & * & (\mu-1)\mathbf{Q}_1 & \mathbf{0} & \mathbf{0} & \bar{\mathbf{E}}^{\mathrm{T}} \\ * & * & * & * & -\mathbf{I} & \mathbf{0} & \mathbf{0} \\ * & * & * & * & * & \mathbf{Q}_1-2\mathbf{I} & \mathbf{0} \\ * & * & * & * & * & * & \frac{1}{\varepsilon^2}\mathbf{P}_1-\frac{2}{\varepsilon}\mathbf{I} \end{pmatrix} < \mathbf{0} \tag{6.28}$$

根据文献[241]，我们定义矩阵 $\mathbf{W}^{\mathrm{T}}$ 和 $\mathbf{W}^{-T}$，分块儿如下：

$$\boldsymbol{W}^{\mathrm{T}}=\begin{pmatrix}\boldsymbol{X} & \boldsymbol{U}\\ \boldsymbol{U}^{\mathrm{T}} & \boldsymbol{0}\end{pmatrix},\boldsymbol{W}^{-T}=\begin{pmatrix}\boldsymbol{Y} & \boldsymbol{V}\\ \boldsymbol{v}^{\mathrm{T}} & \boldsymbol{0}\end{pmatrix}$$

其中 $X$,$Y$ 是对称矩阵,$U$,$V$ 是非奇异的矩阵.

引入变换矩阵 $\boldsymbol{\Gamma}=\begin{pmatrix}Y & \boldsymbol{I}\\ \boldsymbol{V}^{\mathrm{T}} & \boldsymbol{0}\end{pmatrix}$,在式(6.28)的右端乘以

$$\boldsymbol{F}=\mathrm{diag}(\boldsymbol{\Gamma}\quad\boldsymbol{\Gamma}\quad\boldsymbol{I}\quad\boldsymbol{I}\quad\boldsymbol{I}\quad\boldsymbol{I}\quad\boldsymbol{\Gamma})$$

同时在左端乘以 $\boldsymbol{F}^{\mathrm{T}}$,则能得到如下的不等式:

$$\begin{pmatrix}-He(\widetilde{W}) & \widetilde{\boldsymbol{P}}_1-\widetilde{\boldsymbol{W}}+\widetilde{\boldsymbol{A}} & \widetilde{\boldsymbol{B}}_v & \boldsymbol{0} & \boldsymbol{0} & \boldsymbol{0} & \boldsymbol{0}\\ * & -He(\widetilde{A}) & \widetilde{\boldsymbol{B}}_v & \boldsymbol{0} & \widetilde{\boldsymbol{C}}_z^{\mathrm{T}} & \boldsymbol{\Gamma}^{\mathrm{T}} & \boldsymbol{0}\\ * & * & -\gamma_1^2\boldsymbol{I} & \boldsymbol{0} & \boldsymbol{0} & \boldsymbol{0} & \boldsymbol{0}\\ * & * & * & (\mu-1)\boldsymbol{Q}_1 & \boldsymbol{0} & \boldsymbol{0} & \bar{\boldsymbol{E}}^{\mathrm{T}}\\ * & * & * & * & -\boldsymbol{I} & \boldsymbol{0} & \boldsymbol{0}\\ * & * & * & * & * & -2\boldsymbol{I}+\boldsymbol{Q}_1 & \boldsymbol{0}\\ * & * & * & * & * & * & \frac{1}{\varepsilon^2}\widetilde{\boldsymbol{P}}_1-\frac{2}{\varepsilon}He(\boldsymbol{\Gamma}^{\mathrm{T}}\boldsymbol{\Gamma})\end{pmatrix}<\boldsymbol{0} \tag{6.29}$$

其中

$$\widetilde{\boldsymbol{P}}_1=\boldsymbol{\Gamma}^{\mathrm{T}}\boldsymbol{P}_1\boldsymbol{\Gamma},$$

$$\widetilde{W}=\boldsymbol{\Gamma}^{\mathrm{T}}\mathbf{W}\boldsymbol{\Gamma},$$

$$\begin{pmatrix}\widetilde{\boldsymbol{A}} & \widetilde{\boldsymbol{B}}_v\\ \widetilde{\boldsymbol{C}}_z & \boldsymbol{0}\end{pmatrix}=\begin{pmatrix}\boldsymbol{\Gamma}^{\mathrm{T}}\boldsymbol{W}^{\mathrm{T}}\bar{\boldsymbol{A}}\boldsymbol{\Gamma} & \boldsymbol{\Gamma}^{\mathrm{T}}\boldsymbol{W}^{\mathrm{T}}\bar{\boldsymbol{B}}_v\\ \widetilde{\boldsymbol{C}}_z\boldsymbol{\Gamma} & \boldsymbol{0}\end{pmatrix}$$

$$:=\begin{pmatrix}\boldsymbol{AY}+\boldsymbol{MB} & \boldsymbol{A} & \boldsymbol{B}_v\\ K & \boldsymbol{AX}+\boldsymbol{LC} & X\boldsymbol{B}_v+\boldsymbol{LD}_v\\ \boldsymbol{C}_z\boldsymbol{Y}+\boldsymbol{D}_z\boldsymbol{M} & \boldsymbol{C}_z & \boldsymbol{0}\end{pmatrix} \tag{6.30}$$

注意到式(6.29)是一个非线性的矩阵不等式,利用引理 6.3,有可能得到一个可解的设计条件,以保证性能(6.8).

事实上,式(6.29)等价于

$$\boldsymbol{\Lambda}^{\mathrm{T}}\boldsymbol{\Sigma}\boldsymbol{\Lambda}<\boldsymbol{0} \tag{6.31}$$

其中

$$\boldsymbol{\Sigma}=\begin{pmatrix} -He(\widetilde{\boldsymbol{W}}) & \widetilde{\boldsymbol{P}}_1-\widetilde{\boldsymbol{W}}+\widetilde{\boldsymbol{A}} & \widetilde{\boldsymbol{B}}_v & \boldsymbol{0} & \boldsymbol{0} & \boldsymbol{0} & \boldsymbol{0} & \boldsymbol{0} \\ * & -He(\widetilde{\boldsymbol{A}}) & \widetilde{\boldsymbol{B}}_v & \boldsymbol{0} & \widetilde{\boldsymbol{C}}_z^{\mathrm{T}} & \boldsymbol{\Gamma}^{\mathrm{T}} & \boldsymbol{0} & \boldsymbol{0} \\ * & * & -\gamma_1^2\boldsymbol{I} & \boldsymbol{0} & \boldsymbol{0} & \boldsymbol{0} & \boldsymbol{0} & \boldsymbol{0} \\ * & * & * & (\mu-1)\boldsymbol{Q}_1 & \boldsymbol{0} & \boldsymbol{0} & \bar{\boldsymbol{E}}^{\mathrm{T}} & \boldsymbol{0} \\ * & * & * & * & -\boldsymbol{I} & \boldsymbol{0} & \boldsymbol{0} & \boldsymbol{0} \\ * & * & * & * & * & -2\boldsymbol{I}+\boldsymbol{Q}_1 & \boldsymbol{0} & \boldsymbol{0} \\ * & * & * & * & * & * & \frac{1}{\varepsilon^2}\widetilde{\boldsymbol{P}}_1 & -\frac{1}{\varepsilon}\boldsymbol{\Gamma}^{\mathrm{T}} \\ * & * & * & * & * & * & * & \boldsymbol{0} \end{pmatrix} \tag{6.32}$$

$$\boldsymbol{\Lambda}^{\mathrm{T}}=\begin{pmatrix} \boldsymbol{I} & \boldsymbol{0} & \boldsymbol{0} & \boldsymbol{0} & \boldsymbol{0} & \boldsymbol{0} & \boldsymbol{0} & \boldsymbol{0} \\ \boldsymbol{0} & \boldsymbol{I} & \boldsymbol{0} & \boldsymbol{0} & \boldsymbol{0} & \boldsymbol{0} & \boldsymbol{0} & \boldsymbol{0} \\ \boldsymbol{0} & \boldsymbol{0} & \boldsymbol{I} & \boldsymbol{0} & \boldsymbol{0} & \boldsymbol{0} & \boldsymbol{0} & \boldsymbol{0} \\ \boldsymbol{0} & \boldsymbol{0} & \boldsymbol{0} & \boldsymbol{I} & \boldsymbol{0} & \boldsymbol{0} & \boldsymbol{0} & \boldsymbol{0} \\ \boldsymbol{0} & \boldsymbol{0} & \boldsymbol{0} & \boldsymbol{0} & \boldsymbol{I} & \boldsymbol{0} & \boldsymbol{0} & \boldsymbol{0} \\ \boldsymbol{0} & \boldsymbol{0} & \boldsymbol{0} & \boldsymbol{0} & \boldsymbol{0} & \boldsymbol{I} & \boldsymbol{0} & \boldsymbol{0} \\ \boldsymbol{0} & \boldsymbol{0} & \boldsymbol{0} & \boldsymbol{0} & \boldsymbol{0} & \boldsymbol{0} & \boldsymbol{I} & \boldsymbol{\Gamma}^{\mathrm{T}} \end{pmatrix} \tag{6.33}$$

于是,根据负定矩阵的定义,式(6.31)能被表示为

$$\boldsymbol{\eta}^{\mathrm{T}}\boldsymbol{\Sigma}\boldsymbol{\eta}<\boldsymbol{0} \tag{6.34}$$

$$\boldsymbol{\eta}=\boldsymbol{\Lambda}\boldsymbol{\chi} \tag{6.35}$$

其中 $\boldsymbol{\chi}$ 是一个非零向量.

容易看到 $\boldsymbol{\Lambda}$ 是一个列满秩的阵.

如果把 $\boldsymbol{G}$ 表示为 $\boldsymbol{G}=(\boldsymbol{0}\quad\boldsymbol{0}\quad\boldsymbol{0}\quad\boldsymbol{0}\quad\boldsymbol{0}\quad\boldsymbol{0}\quad\boldsymbol{\Gamma}\quad-\boldsymbol{I})$,则 $\boldsymbol{G}\boldsymbol{\Lambda}=\boldsymbol{0}$

根据 Finsler 引理,可以得到式(6.31)成立当且仅当下面不等式成立:

对于适当维数的 $\boldsymbol{L}$,有

$$\boldsymbol{\Sigma}+\boldsymbol{L}\boldsymbol{G}+(\boldsymbol{L}\boldsymbol{G})^{\mathrm{T}}<\boldsymbol{0} \tag{6.36}$$

为了证明这个问题可解,定义下面的矩阵

$$\boldsymbol{L}=(\boldsymbol{0}\quad\boldsymbol{0}\quad\boldsymbol{0}\quad\boldsymbol{0}\quad\boldsymbol{0}\quad\boldsymbol{0}\quad-\boldsymbol{\Lambda}^{\mathrm{T}}\quad\boldsymbol{I})^{\mathrm{T}},\boldsymbol{\Lambda}=\begin{pmatrix}\boldsymbol{I} & \boldsymbol{I}\\ \boldsymbol{I} & \boldsymbol{0}\end{pmatrix} \tag{6.37}$$

结合式(6.36)和式(6.37),可知式(6.17)等价于式(6.36),这样就能够得到式(6.17)

对于扰动抑制性能(6.8)的一个充分条件.即

$$E\{\int_0^{+\infty} \|\boldsymbol{z}(t)\|^2 \mathrm{d}t\} \leqslant \gamma_3^2 E\{\int_0^{+\infty} \|\boldsymbol{v}(t)\|^2 \mathrm{d}t\}$$

另一方面,假设 $\boldsymbol{v}(t)=\boldsymbol{0}$,则

$$\boldsymbol{L}V(\boldsymbol{\xi}(t),t)\mathrm{d}t \leqslant (\boldsymbol{\xi}^{\mathrm{T}}(t) \quad \boldsymbol{\xi}^{\mathrm{T}}(t-\mathrm{d}(t)))\boldsymbol{\Xi}_b \begin{pmatrix} \boldsymbol{\xi}(t) \\ \boldsymbol{\xi}(t-\mathrm{d}(t)) \end{pmatrix} \tag{6.38}$$

其中

$$\boldsymbol{\Xi}_b = \begin{pmatrix} He(\boldsymbol{P}_1\bar{\boldsymbol{A}})+\boldsymbol{Q}_1 & \boldsymbol{0} \\ * & (\mu-1)\boldsymbol{Q}_1+\bar{\boldsymbol{E}}^{\mathrm{T}}\boldsymbol{P}_1\bar{\boldsymbol{E}} \end{pmatrix}$$

容易证明,线性矩阵不等式(6.17)意味着 $\boldsymbol{\Xi}_b$ 是负定的,所以 $\boldsymbol{L}V(\boldsymbol{\xi}(t),t)\mathrm{d}t<\boldsymbol{0}$,根据定义 6.1 中的定义 1,当 $\boldsymbol{v}(t)=\boldsymbol{0}$ 时,随机系统(6.4)是均方渐进稳定的.

**注 6.2** 引理 6.3 是用来消除李亚普诺夫变量 $\boldsymbol{P}_1$ 和控制变量之间耦合的,这种做法引入一个外部的松弛变量 $\boldsymbol{W}$[247],在多目标控制问题当中,这种做法可以带来额外的自由度.

**注 6.3** 在式(6.27)中,利用不等式$(\boldsymbol{P}_1-\varepsilon\boldsymbol{I})\boldsymbol{P}_1^{-1}(\boldsymbol{P}_1-\varepsilon\boldsymbol{I})\geqslant\boldsymbol{0}$ ,李亚普诺夫变量 $\boldsymbol{P}_1$,$\boldsymbol{Q}_1$,$\boldsymbol{P}_1^{-1}$,和 $\boldsymbol{Q}_1^{-1}$ 可以线性化,使得不等式(6.29)变成非线性的.但是,这个非线性利用 Finsler 引理,可以被消除.这样,有可能改善[236]中给出的非凸控制器设计方法,另外,在[14]中,要求的输入矩阵是列满秩的,本书对此不作要求.

# 6.4 故障检测的小增益条件

在本节中,给出了保证检测目标(6.9)和(6.10)的充分条件,用来减小扰动和故障对故障估计信号 $\boldsymbol{r}_f(t)$的影响.

**定理 6.2** 给定一些常数 $\gamma_2>0$,$\varepsilon>0$,$1>\mu>0$,如果存在矩阵 $\boldsymbol{V}$,$\boldsymbol{K}$,$\boldsymbol{M}$,$\boldsymbol{N}$,$\boldsymbol{L}$,$\tilde{\boldsymbol{P}}_2>\boldsymbol{0}$,$\boldsymbol{Q}_2>\boldsymbol{0}$,和对称矩阵 $\boldsymbol{X}$,$\boldsymbol{Y}$ 满足下面不等式:

$$
\begin{bmatrix}
-He(\widetilde{W}) & \widetilde{P}_2-\widetilde{W}+\widetilde{A} & \widetilde{B}_v & 0 & 0 & 0 & 0 & 0 \\
* & -He(\widetilde{A}) & \widetilde{B}_v & 0 & \widetilde{C}^{\mathrm{T}} & \Gamma^{\mathrm{T}} & 0 & 0 \\
* & * & -\gamma_2^2 I & 0 & -I & 0 & 0 & 0 \\
* & * & * & (\mu-1)Q_2 & 0 & 0 & \bar{E}^{\mathrm{T}} & 0 \\
* & * & * & * & -I & 0 & 0 & 0 \\
* & * & * & * & * & -2I+Q_2 & 0 & 0 \\
* & * & * & * & * & * & \frac{1}{\varepsilon^2}\widetilde{P}_2-He(\Lambda\Gamma) & b_{78} \\
* & * & * & * & * & * & * & -2I
\end{bmatrix}<0
$$

(6.39)

其中

$$
\begin{bmatrix}\widetilde{A} & \widetilde{B}_v \\ \widetilde{C} & 0\end{bmatrix}:=\begin{bmatrix}AY+BM & A & B_v \\ K & AX+LC & XB_v+LD_v \\ N & 0 & 0\end{bmatrix}\widetilde{W}=\begin{bmatrix}Y & I \\ I & X\end{bmatrix},
$$

$$
\Lambda=\begin{bmatrix}I & I \\ I & 0\end{bmatrix},\Gamma=\begin{bmatrix}Y & I \\ v^{\mathrm{T}} & 0\end{bmatrix},b_{78}=(1-\frac{1}{\varepsilon})\Gamma^{\mathrm{T}}+\Lambda \tag{6.40}
$$

则系统(6.4)具有性能(6.9),即

$$
E\{\int_0^{+\infty}\|r_f(t)\|^2\mathrm{d}t\}\leqslant\gamma_2^2E\{\int_0^{+\infty}\|v(t)\|^2\mathrm{d}t\} \tag{6.41}
$$

**证明** 类似定理6.1的证明,这里只需令

$$
\widetilde{C}=\bar{C}\Gamma=(0\quad N_c)\begin{bmatrix}Y & I \\ v^{\mathrm{T}} & 0\end{bmatrix}:=(N\quad 0) \tag{6.42}
$$

按照和定理6.2相同的证明方法,下面的结果给出了对于性能(6.10)的一个充分条件.

**定理6.3** 给出一些参数$\gamma_3>0,\varepsilon>0,1>\mu>0$,如果存在矩阵$V,K,M,N,L,\widetilde{P}_3>0,Q_3>0$,和对称矩阵$X,Y$满足下面不等式

$$\begin{pmatrix} -He(\widetilde{W}) & \widetilde{\boldsymbol{P}}_3-\widetilde{\boldsymbol{W}}+\widetilde{\boldsymbol{A}} & \widetilde{\boldsymbol{B}}_f & \boldsymbol{0} & \boldsymbol{0} & \boldsymbol{0} & \boldsymbol{0} & \boldsymbol{0} \\ * & -He(\widetilde{\boldsymbol{A}}) & \widetilde{\boldsymbol{B}}_f & \boldsymbol{0} & \widetilde{\boldsymbol{C}}^{\mathrm{T}} & \boldsymbol{\Gamma}^{\mathrm{T}} & \boldsymbol{0} & \boldsymbol{0} \\ * & * & -\gamma_3^2\boldsymbol{I} & \boldsymbol{0} & -\boldsymbol{I} & \boldsymbol{0} & \boldsymbol{0} & \boldsymbol{0} \\ * & * & * & (\mu-1)\boldsymbol{Q}_3 & \boldsymbol{0} & \boldsymbol{0} & \bar{\boldsymbol{E}}^{\mathrm{T}} & \boldsymbol{0} \\ * & * & * & * & -\boldsymbol{I} & \boldsymbol{0} & \boldsymbol{0} & \boldsymbol{0} \\ * & * & * & * & * & -2\boldsymbol{I}+\boldsymbol{Q}_3 & \boldsymbol{0} & \boldsymbol{0} \\ * & * & * & * & * & * & \frac{1}{\varepsilon^2}\widetilde{\boldsymbol{P}}_3-He(\Lambda\Gamma) & \boldsymbol{c}_{78} \\ * & * & * & * & * & * & * & -2\boldsymbol{I} \end{pmatrix}<\boldsymbol{0} \tag{6.43}$$

其中

$$\begin{pmatrix} \widetilde{\boldsymbol{A}} & \widetilde{\boldsymbol{B}}_f \\ \widetilde{\boldsymbol{C}} & \boldsymbol{0} \end{pmatrix}:=\begin{pmatrix} \boldsymbol{AY}+\boldsymbol{BM} & \boldsymbol{A} & \boldsymbol{B}_f \\ \boldsymbol{K} & \boldsymbol{AX}+\boldsymbol{LC} & \boldsymbol{XB}_f+\boldsymbol{LD}_f \\ \boldsymbol{N} & \boldsymbol{0} & \boldsymbol{0} \end{pmatrix}\widetilde{\boldsymbol{W}}=\begin{pmatrix} \boldsymbol{Y} & \boldsymbol{I} \\ \boldsymbol{I} & \boldsymbol{X} \end{pmatrix},$$

$$\boldsymbol{\Lambda}=\begin{pmatrix} \boldsymbol{I} & \boldsymbol{I} \\ \boldsymbol{I} & \boldsymbol{0} \end{pmatrix},\boldsymbol{\Gamma}=\begin{pmatrix} \boldsymbol{Y} & \boldsymbol{I} \\ \boldsymbol{v}^{\mathrm{T}} & \boldsymbol{0} \end{pmatrix},\boldsymbol{c}_{78}=(1-\frac{1}{\varepsilon})\boldsymbol{\Gamma}^{\mathrm{T}}+\boldsymbol{\Lambda} \tag{6.44}$$

则系统(6.4)具有性能(6.10)，即

$$E\{\int_0^{+\infty}\|r_f(t)\|^2\mathrm{d}t\}\leqslant\gamma_3^2E\{\int_0^{+\infty}\|v(t)\|^2\mathrm{d}t\}. \tag{6.45}$$

# 6.5 算法实现及检测阈值设计

根据定理 6.1～6.3，检测器和控制器的设计问题可以通过解决下面的优化问题得到解决：

$$\begin{gathered}\text{给定 } \gamma_1 \\ \text{minimize } a\gamma_2+b\gamma_3 \\ \text{s.t.(6.17),(6.39),(6.43) 同时成立.}\end{gathered} \tag{6.46}$$

其中 $a,b$ 是给定的用来平衡(6.9)和(6.10)之间需求的两个正实数.

这样，就可以得到矩阵 $\boldsymbol{K},\boldsymbol{L},\boldsymbol{M},\boldsymbol{N},\boldsymbol{V}$，并且控制器参数可以由下面的程序算出.

(1) 根据 $\boldsymbol{W}^{\mathrm{T}}$ 和 $\boldsymbol{W}^{-T}$ 在定理 6.1 中的表达式，可以通过解方程 $\boldsymbol{XY}+\boldsymbol{UV}^{\mathrm{T}}=\boldsymbol{I}$，求得 $\boldsymbol{U}$.

(2) 利用式(6.30)和式(6.42)，通过解决下面矩阵不等式

$$\begin{pmatrix}\boldsymbol{A}_c & \boldsymbol{B}_c\\ \boldsymbol{L}_c & \boldsymbol{0}\\ \boldsymbol{N}_c & \boldsymbol{0}\end{pmatrix}=\begin{pmatrix}\boldsymbol{U} & \boldsymbol{XB} & \boldsymbol{0}\\ \boldsymbol{0} & \boldsymbol{I} & \boldsymbol{0}\\ \boldsymbol{0} & \boldsymbol{0} & \boldsymbol{I}\end{pmatrix}^{-1}\begin{pmatrix}\boldsymbol{K}-\boldsymbol{XA}Y & \boldsymbol{L}\\ \boldsymbol{M} & \boldsymbol{0}\\ \boldsymbol{N} & \boldsymbol{0}\end{pmatrix}\begin{pmatrix}\boldsymbol{V}^{\mathrm{T}} & \boldsymbol{0}\\ \boldsymbol{CY} & \boldsymbol{I}\end{pmatrix}^{-1} \tag{6.47}$$

计算 $\boldsymbol{A}_c,\boldsymbol{B}_c,\boldsymbol{L}_c,N_c$.

**注 6.4**　对于一个固定 $\varepsilon>0$，条件(6.17)，(6.39)和(6.43)都是线性矩阵不等式，所以在数值上是可解的[225].

为了检测故障，我们设计阈值，依据文献[24]的结果，设计的检测逻辑如下.

定义残差估计函数

$$J_r(t)=\sqrt{\frac{1}{t}\int_{t_0}^{t_0+t} r^{\mathrm{T}}(\tau)r(\tau)d\tau}$$

其中，$t_0$ 表示初始时间，$t$ 表示时间长度.

令

$$J_{th}=\sup_{\boldsymbol{0}\neq v\in \boldsymbol{L}_{E2},f=\boldsymbol{0}} J_r \tag{6.48}$$

是阈值.

基于以上分析，我们就通过比较 $J_r(t)$ 和 $J_{th}$，判断故障是否发生.

$$\begin{aligned}&\text{如果 } J_r>J_{th}\text{，则报警，即故障发生；}\\&\text{如果 } J_r\leqslant J_{th}\text{，则不报警，即故障没有发生.}\end{aligned} \tag{6.49}$$

# 6.6　仿真算例

**例 6.1**　考虑系统(6.1)中的矩阵是下面的形式：

$$\boldsymbol{A}=\begin{pmatrix}-0.399\,2 & -0.3209\\ 0.466\,7 & -0.748\,0\end{pmatrix},\boldsymbol{B}=\begin{pmatrix}0.583\,8 & 0.583\,8\\ 0.437\,0 & 0.437\,0\end{pmatrix},\boldsymbol{B}_v=\begin{pmatrix}0.023\,0\\ -0.226\,2\end{pmatrix},$$

$\boldsymbol{B}_f=\begin{pmatrix}0.8031\\-0.2598\end{pmatrix}$，$\boldsymbol{E}=\begin{pmatrix}0.1316 & 0.3007\\-0.0886 & 0.3754\end{pmatrix}$，$\boldsymbol{C}=(-0.0621 \quad 0.1581)$，

$\boldsymbol{D}_v=(-0.6764)$，$\boldsymbol{D}_f=(-0.0275)$，$\boldsymbol{C}_z=(-0.6975 \quad -0.9478)$，

$\boldsymbol{D}_z=(-0.8347 \quad -1)$.

由于 $\boldsymbol{B}$ 不是列满秩的，所以[14]不能解决这个例子.

给定

$$\gamma_1=1,\varepsilon=10,\mu=0.1,a=1,b=10$$

解决优化问题(6.46)，我们得到检测器和控制器参数如下：

$$\boldsymbol{A}_c=\begin{pmatrix}-1.9840 & -0.4776\\0.6464 & -3.0159\end{pmatrix},\boldsymbol{B}_c=\begin{pmatrix}-2.7141\\2.2716\end{pmatrix}$$

$$\boldsymbol{L}_c=\begin{pmatrix}-9.8579 & -0.9117\\8.1577 & 0.1487\end{pmatrix},\boldsymbol{N}_c=(0.4830 \quad -0.2627)$$

并且得到性能指标

$$\gamma_2=1.6627,\gamma_3=1.3608$$

假设未知扰动输入 $v(t)=0.1\sin(5t)$，$\tau(t)=0.5\sin t$，采用文献[25]中的布朗运动.执行器和传感器故障如下：

$$f(t)=\begin{cases}0, & 0<t<5\\1, & \text{其他}\end{cases}$$

仿真结果在图 6-1～图 6-4 中已经给出，图 6-1 显示的是残差输出和性能输出，图 6-2显示的是残差估计函数和阈值，控制输入和可测输出在图 6-3、图 6-4中给出.

图 6-1～图 6-2 说明了我们设计的关于同时故障检测和控制的方法的有效性，当一个故障发生时，采用我们设计的方法，系统会自动报警.除此之外，故障和外部扰动对性能输出的影响被有效抑制了.

为了对凸的多目标的李亚普诺夫函数方法和非凸的单一的李亚普诺夫函数方法进行一个公平的比较，我们考虑了 $a$，$b$ 的不同数值，相应的性能指标 $\gamma_2$，$\gamma_3$ 在表 6-1 中给出，从表 6-1 中可以看出，我们所设计的方法可以取得更好的 $H_\infty$ 性能，这就说明了凸的多目标的李亚普诺夫函数方法和非凸的单一的李亚普诺夫函数方法相比，具有更少的保守性.

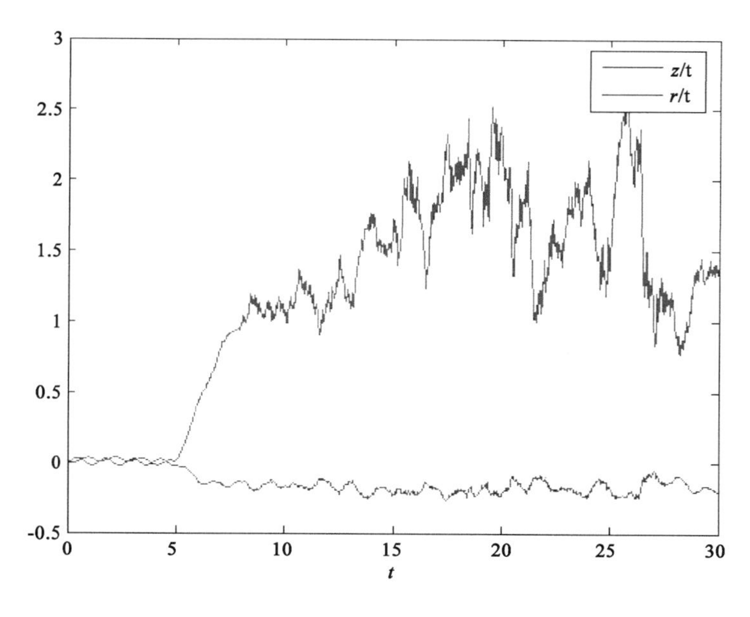


图 6-1　残差输出与性能输出

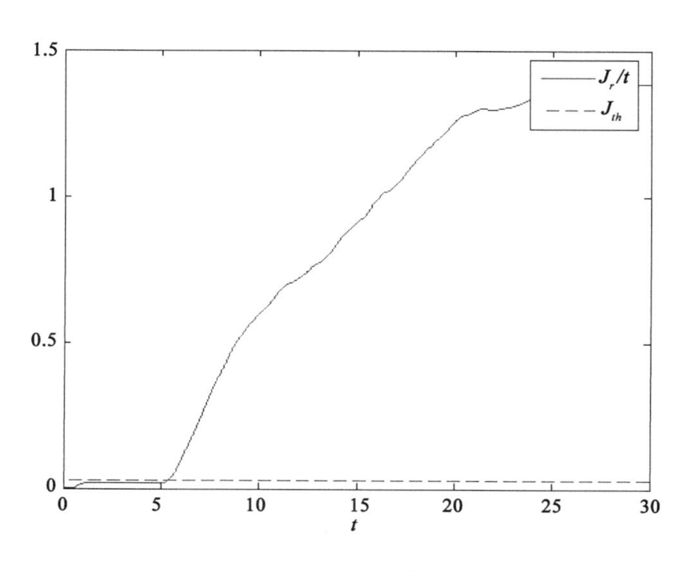


图 6-2　残差估计函数与阈值

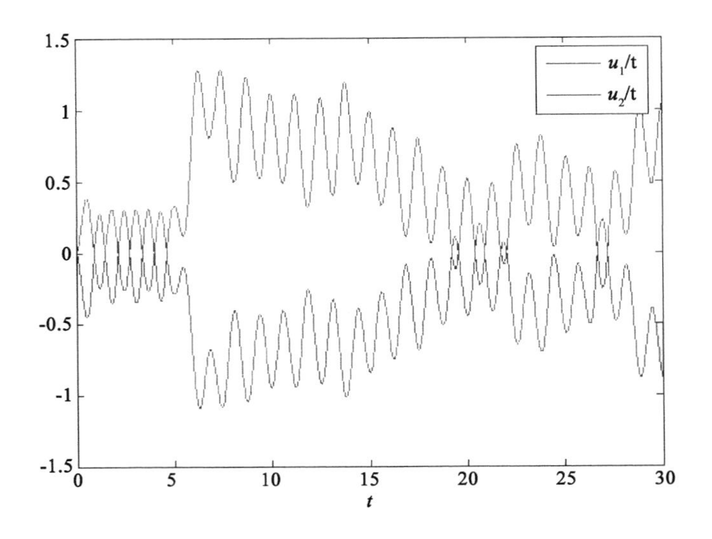


图 6-3　控制输入的响应曲线

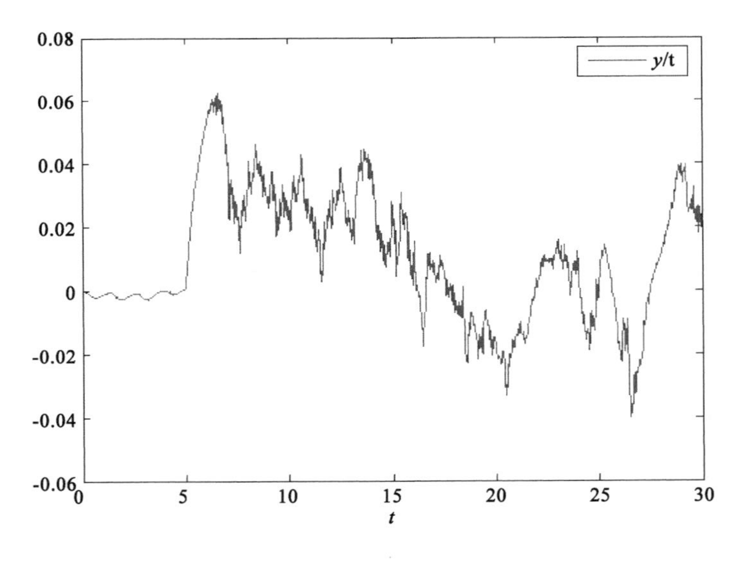


图 6-4　系统输出的响应曲线

**表 6-1　不同方法下 $\gamma_2,\gamma_3$ 的比较**

| 变量 $a,b$ | 设计方法 | $\gamma_2,\gamma_3$ |
| --- | --- | --- |
| $a=1,b=10$ | 本书中的方法 | $\gamma_2=1.6627,\gamma_3=1.3608$ |
| | [13]中的方法 | $\gamma_2=1.7823,\gamma_3=1.5612$ |
| $a=1,b=1$ | 本书中的方法 | $\gamma_2=1.4677,\gamma_3=1.5739$ |
| | [13]中的方法 | $\gamma_2=1.5644,\gamma_3=1.6655$ |
| $a=10,b=1$ | 本书中的方法 | $\gamma_2=1.2367,\gamma_3=1.7701$ |
| | [13]中的方法 | $\gamma_2=1.3429,\gamma_3=1.8100$ |

**例 6.2**　考虑系统(1)，采用[249]中提供的系统，其中系统矩阵 $\boldsymbol{A}$，控制输入矩阵 $\boldsymbol{B}$，可测输出矩阵 $\boldsymbol{C}$ 如下：

$$\boldsymbol{A}=\begin{bmatrix}-1.1750 & 0.9871\\ -8.458 & -0.8776\end{bmatrix},\boldsymbol{B}=\begin{bmatrix}-1.194 & -2.5909\\ -19.29 & -3.803\end{bmatrix},\boldsymbol{C}=[1\quad 0]$$

很多飞行器动力系统往往受到不可控的外力干扰，这些干扰可以降低系统的性能，并且很多飞行器动力系统都是通过随机微分方程来描述的.

当模型是飞行器动力系统，存在外部扰动，存在一个伊藤型随机摄动和可能的执行器和传感器故障，所以除了主要的系统参数 $\boldsymbol{A},\boldsymbol{B},\boldsymbol{C}$ 外，我们设定其他参数：

$$\boldsymbol{B}_v=\begin{pmatrix}0.0230\\ -0.2262\end{pmatrix},\boldsymbol{B}_f=\begin{pmatrix}0.8031\\ -0.2598\end{pmatrix},\boldsymbol{E}=\begin{pmatrix}0.1316 & 0.3007\\ -0.0886 & 0.3754\end{pmatrix},$$

$$\boldsymbol{D}_v=(-0.6764),\boldsymbol{D}_f=(-0.0275),$$

$$\boldsymbol{C}_z=(-0.6975\quad -0.9478),\boldsymbol{D}_z=(-0.8347\quad -1)$$

下面解这个优化问题(6.46).

令

$$\gamma_1=1,\varepsilon=10,\mu=0.1,a=1,b=10,$$

得到

$$\boldsymbol{A}_c=\begin{pmatrix}-10.0704 & 8.7111\\ 2.5314 & -19.0333\end{pmatrix},\boldsymbol{B}_c=\begin{pmatrix}7.7657\\ -4.9079\end{pmatrix},$$

$$\boldsymbol{L}_c=\begin{pmatrix}-0.4420 & 0.5637\\ 0.3703 & -0.2677\end{pmatrix},\boldsymbol{N}_c=(0.0687\quad -0.0170)$$

得到性能指标

$$\gamma_2=3.3166,\gamma_3=1.3784$$

在这个仿真当中，未知扰动输入假设为 $v(t)=0.01\sin(5t),\tau(t)=0.5\sin t$，执行器和传感器故障假设和例 6.1 中相同.

图 6-5 显示的是控制输入，图 6-6 显示的是残差输出和性能输出的结果，并且残差可以及时地估计故障，我们发现，在图 6-6 中估计的误差比图 6-1 中估计的误差小，这是因为在例 6.2 中的扰动比在例 6.1 中的小.

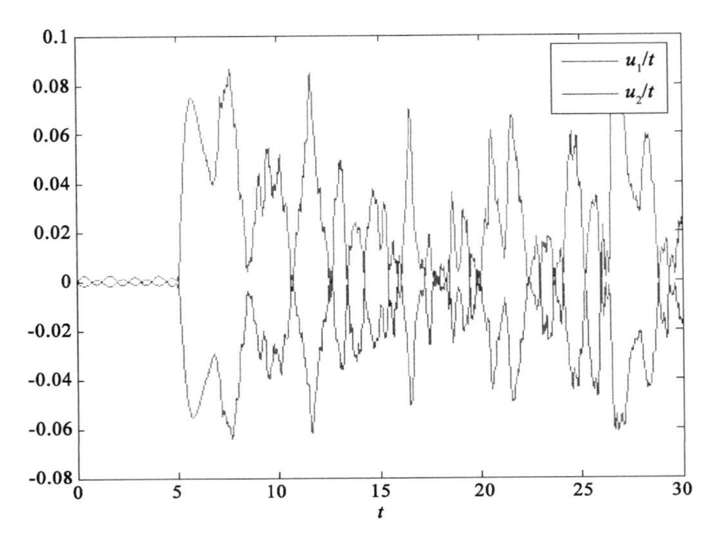


图 6-5　系统输入的响应曲线

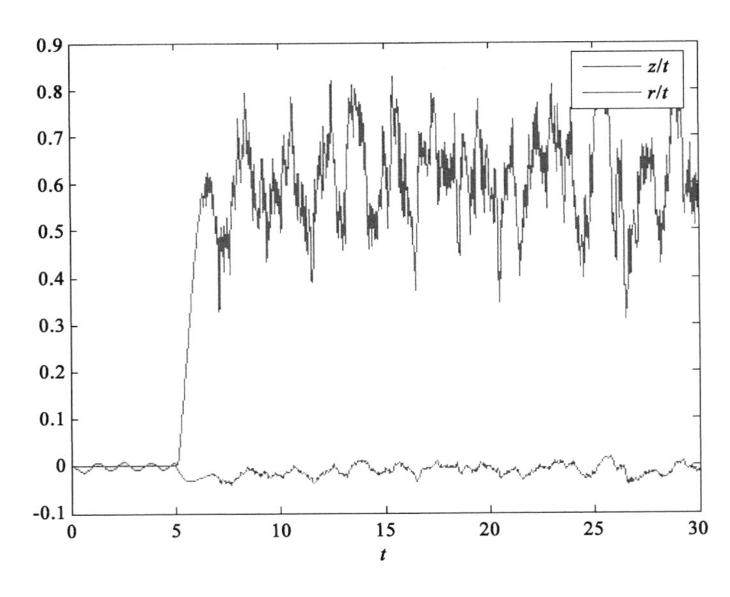


图 6-6　残差输出与性能输出

# 6.7　小结

本章研究传感器饱和约束下伊藤型随机时延系统的同时故障检测与控制问题.设计了一个全阶的动态输出反馈控制器,取得我们所期望的控制目标和检测目标.本章的主要贡献如下:① 对于随机时延系统,带有多目标的控制器设计问题可以利用多 Lyapunov 函数方法来处理;② 动态输出反馈控制器的设计条件可以利用线性矩阵不等式来描述;③ 在我们所提出的故障检测和控制的框架内,得到一个更好的、综合的控制与检测性能.给出了一些包含比较结果的数值例子,以验证我们所给方法的有效性.

# 第7章　结论与展望

在传统的控制器设计过程中,没有考虑系统的执行器饱和及状态饱和这两种情况,这样会导致系统的性能下降甚至不稳定.当执行器饱和现象被当作系统分析与设计的关键因素时,闭环系统的稳定性将不再具有全局性,即稳定性仅在局部范围内有意义.在过去的研究工作中,主要关注的是在饱和情况下估计系统的零吸引区域范围及如何设计控制器才能增大闭环系统的零吸引域范围,并在此基础之上研究系统受到外部扰动时的抗干扰能力(即系统性能)及扰动容许能力(即仍能保证系统稳定的最大扰动界).这些工作取得了一定的成果,但是还存在着很多不足.比如,在飞行器控制及航空航天等复杂系统领域中,系统的容错能力也极为重要,但是到目前为止,尚未有学者从设计角度同时考虑非线性系统的饱和控制问题及容错控制问题.

本书在总结前人工作的基础上,对上述问题进行了研究.

执行器带有饱和约束的一类严格反馈非线性系统可靠控制.针对一类具有Brunovsky标准型以及输入饱和的不确定非线性系统提出了一种基于吸引域估计的自适应控制方法.首先,在两种不同的非线性假设条件下,针对较Brunovsky标准型系统,给出了一种吸引域的刻画方法,证明了在此吸引域内控制力度的大小将不会超出饱和边界.然后,在此基础上,采用Backstepping法构造状态反馈控制,并基于LaSalle-Yoshizawa定理,证明了闭环系统的稳定性.

执行器迟滞带有饱和约束的一类严格反馈非线性系统自适应可靠控制.本书采用的执行器迟滞饱和模型是一类比率独立的Duhem模型,它反映的是存在于执行器磁性材料中的迟滞饱和特性.本书采用自适应Backstepping控制方法,

将执行器迟滞饱和特性融入控制器的设计过程中并有效地消除了迟滞饱和作用对系统的影响，避免了构造复杂迟滞逆模型需要精确的迟滞模型表达式的限制.所设计的自适应控制器能够保证系统的输出快速跟踪上给定信号，跟踪误差在一个很小的范围内波动，保证闭环系统的所有信号有界，理想地达到了预期控制目标，运用 Lyapunov 稳定性理论证明了闭环系统的稳定性.

执行器带有饱和约束的一类多项式连续系统被动保成本容错控制.针对执行器失效故障，本书建立了执行器失效故障的多胞型描述模型.本书考虑一类用多项式描述的非线性连续系统，其系统矩阵的元素为系统状态的多项式函数.为了把饱和约束下容错控制器设计问题转化为可解的半定规划问题(SDP)，本书引入了一个指数来刻画一部分非线性项的影响.它与保性能指标和 L2 优化指标结合，把原始的容错控制设计问题转化为多目标指数优化问题.应用 Sum of squares (SOS)优化方法可以可靠而有效地解决这类多项式优化问题.与现有方法相比，本书给出的解决方案是一类 SDP 优化算法，由于其形式上是凸的，因而不需要多次迭代来进行求解，具有更高的可靠性.

执行器带有饱和约束的一类多项式离散系统被动鲁棒容错控制.针对一类执行器饱和约束下多项式非线性离散系统，本章给出控制设计方法，能够保证在发生执行器饱和和执行器故障的情况下仍然能够保证 $H_\infty$ 性能.本书的创新之处在于以下两个方面：为了把执行器饱和约束下容错控制器设计问题转化成一个能够处理的半定规划问题，将优化问题中的非线性项描述为一种指标，然后提出找到这个指标的零最优值的优化方法；与鲁棒优化指标相结合，原始的容错控制问题被转化为一个多目标的优化问题，这个多目标的优化问题形式上是一组状态依赖的类线性多项式矩阵不等式，采用 SOS 优化方法来求解这种优化问题，给出了被动鲁棒容错控制的有效数值求解方案.

传感器饱和约束下 Itô 型随机时延系统的同时故障检测与控制.针对传感器饱和约束下 Itô 型随机时延系统的同时故障检测与控制问题，本书设计了一个全阶的动态输出反馈控制器，取得我们所期望的控制目标和检测目标.本章的主要贡献如下：对于随机时延系统，带有多目标的控制器设计问题，可以利用多 Lyapunov 函数方法来进行处理；动态输出反馈控制器的设计条件可以利用线性矩阵不等式来描述；在本书所提出的故障检测和控制的框架内，得到了更好的控制与检测性能.

下面是作者认为与本课题相关并值得深入研究的若干问题：

(1) 网络控制系统中的饱和问题.量化、时滞和丢包是网络控制系统中的主要问题，目前关于这方面已有一定的结果.但是同时考虑执行器饱和并保证指定的性能问题还没有相关的结果.这将是一个值得深入研究的课题.

(2) 对输入、输出、输入变化率状态均约束下的系统进行研究也是一个备受关注的课题.

(3) 利用新的技术方法来解决饱和约束下容错控制问题.比如利用结构化神经网络来处理约束下的模型预测控制等方法来处理约束下问题的鲁棒问题,用开关逻辑调节来设计容错控制器等.

(4) 饱和控制在实际中的应用.如何将本书所提出的控制方法应用于实际控制系统,解决工程中遇到的实际问题,这也有待于进一步探索.

# 参考文献

[1] FERTIK H A, ROSS C W. Direct digital control algorithm with anti-windup feature [J].ISA Transactions,1967,6(4):317-328.
[2] FUNAMI Y,YAMADA K.Anti-windup control design method using modified internal model control structure [C]//Proceedings of the IEEE international conference on systems,Man and Cybernetics,1999,5:74-79.
[3] SOURLAS D,CHOI J,MANOUSIOUTHAKIS V .Best achievable control system performance:the saturation paradox[C]//IEEE conference on Decision & Control.IEEE,1995.DOI:10.1109/CDC.1994.411754.
[4] 冯国楠.最优控制理论与应用[M].北京:北京工业大学出版社,1991.
[5] 安德森,莫尔.线性最优控制[M].龙云程译,潘科炎校.北京,科学出版社,1982.
[6] SHI G. Control of linear systems subject to constraints: Stabilization, output regulation and performance analysis.[D].Washington:Washington State University,2002.
[7] ZAMES G,FALB P.L.Stability conditions for systems with monotone and slope-restricted nonlinearities[J].SIAM journal of control,1968,6(1):89-108.
[8] 高为炳.非线性控制系统导论[M].北京:科学出版社,1988.
[9] FULLERA.T.In-the-large stability of relay and saturating control systems

with linear controIlers[J]. Internationaljournal of control, 1969, 10(4): 457-480.

[10] LEMAYJ L. Recoverable and reachable zones for linear systems with linear plants and bounded controller outputs[J].IEEE transactions on automatic control,1964,9(2):346-354.

[11] SCHMITENDORFW.E,BARMISHB.R.Null controllability of linear systems with constrained controIs[J].SIAM journal of control and optimization,1980,18(4):327-345.

[12] SONTAGE.D,SUSSMANNH.J.Nonlinear output feedback design for linear systems with saturating controls[C]//Proceedings of the conference on decision and control,1990:3414-3416.

[13] TYANF, BERNSTEINDS. Global stabilization for systems containing a double integrator using a saturated linear controller[J].Internationaljournal of robust and nonlinear control,1999,9(15):1143-1156.

[14] GONCALVESJ. Quadratic surface lyapunov functions in global stability analysis of saturating systems[C]//Proceedings of the American control conference,1990:4183-4185.

[15] SUSSMANNH J, YANGY. On the stabilizability of multiper integrators by means of bounded feedback controls [C]//Proceedings of the conference on decision and control,1991,(l):70-72.

[16] TEELA R. Global stabilization and restricted tracking for multiple integrators with bounded control[J]. Systems and control letters, 1992, 18(2):165-171.

[17] SUSSMANNH J, SONTAGE D, YANGY. A general result on stabilization of linear systems using bounded controls[J].IEEE transactions on automatic control,1994,39(12):2411-2425.

[18] TEELA R. Linear systems with input nonlinearities: global stabilization by scheduling a family of type controllers[J].International journal of robust and nonlinear control,1995,5(6):399-411.

[19] SHEWCHUNJ M,FERONE. High performance control with position and rate limited actuators[J]. International journal of robust and nonlinear control,1999,9(10):617-630.

[20] SUAREZR, RAMMIREZJ A, SOLIS-DAUNJ. Linear systems with

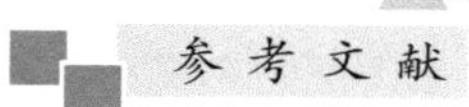


bounded inputs:Global stabilization with eigenvalue placement[J].International journal of robust and nonlinear control,1997,7(9):835-845.

[21] WREDENHAGENG F,BELANGERP R.Piecewise-linear LQ control for systems with input constraints [J].Automatica,1994,30(4):403-416.

[22] GUTMANP O,HAGANDERP.A new design for constrained controllers for linear systems[J].IEEE transactions on automatic control,1985,30(1):22-33.

[23] TEELA. R. Semi-global stabilization of linear null controllable systems with input nonlinearities [J]. IEEE transactions on automatic control, 1995,40(1):96-100.

[24] SABERIA,LINZ,TEELA.R.Control of linear systems with saturating actuators[J].IEEE transactions on automatic control,1996,41(3):368-378.

[25] SOLIS-DAUNJ,RAMMIREZJ A,SUAREZR.Semi-global stabilization of linear systems using constrained controls:A parametric optimization approach f[J].International journal of robust and nonlinear control,1999,9(8):461-484.

[26] HUT,LINZ,SHAMASHY.Semi-global stabilization with guaranteed regional performance of linear systems subject to actuator saturation[J]. Systems and control letters,2001,43(2):203-210.

[27] BERNSTEIND S, MICHELA N. A chronological bibliography on saturating actuators[J].International journal of robust and nonlinear control,1995,5(5):375-380.

[28] BERNSTEIND S,MICHELA N.Special issue on saturating actuators[J]. International journal of robust and nonlinear control,1995,5(5):375-512.

[29] SABERIA, STOORVOGEL A. Special issue on control problems with constraints[J]. International journal of robust and nonlinear control, 1999,9(10):583-734.

[30] HUANGS, LAMSJ, CHENB. Local Reliable control for linear systems with saturating actuators[C]//Proceedings of the conference on decision and control,2002,(4):4154-4159.

[31] HUT,LINZ,QIUL.An explicit description of null controllable regions of linear systems with saturating actuators[J].Systems and control letters, 2002,47(1):65-78.

[32] HUT, PITSILLIDESA N, LINZ. Null controllability and stabilization of linear systems subject to asymmetric actuator saturation [C]// Proceedings of the conference on decision and control, 2000, (4): 3254-3259.

[33] HUT, LINZ, QIUL. Stabilization of exponentially unstable linear systems with saturating actuators[J]. IEEE transactions on automatic control, 2001, 46(6): 973-979.

[34] HUT, LINZ. On semiglobal stabilizability of antistable systems by saturated linear feedback[J]. IEEE transactions on automatic control, 2002, 47(7): 1193-1198.

[35] HU T, MILLER DE, LI QIU. Null controllable region of LTI discrete-time systems with input saturation [J]. Automatica, 2002, 38 (11): 2009-2013.

[36] HUT, LINZ, CHENB M. An analysis and design method for linear systems subject to actuator saturation and disturbance[J]. Automatica, 2002, 38(2): 351-359.

[37] HUT, LINZ, CHENB M. Analysis and design for discrete-time systems subject to actuator saturation[J]. Systems and control letters, 2002, 45(2): 87-112.

[38] BATEMANA, LINZ. An analysis and design method for linear systems under nested saturation[J]. Systems and control letters, 2003, 48(1): 41-52.

[39] BATEMANA, LINZ. An analysis and design method for discrete-time systems under nested saturation[J]. IEEE transactions on automatic control, 2002, 47(8): 1305-1310.

[40] HUT, LINZ. On enlarging the basin of attraction for linear systems under saturated linear feedback[J]. Systems and control letters, 2000, 40(1): 59-69.

[41] HUT, LINZ, SHAMASHY. Semi-global stabilization with guaranteed regional performance of linear systems subject to actuator saturation[J]. Systems and control letters, 2001, 43(3): 203-210.

[42] HEY, CHENB. M, WUC. Composite nonlinear control with state and measurement feedback for general multivariable systems with input satu-

ration[J].Systems and control letters,2005,54(5):455-469.

[43] RAFAELG. Stabilizing a linear system with saturation through optimal control[J].IEEE transactions on automatic control,2005,50(5):653-655.

[44] HUT,LINZ.Composite quadratic lyapunov functions for constrained control systems[J]. IEEE transactions on automatic control, 2003, 48(3): 440-450.

[45] HUT, LINZ. Absolute stability analysis of discrete-time systems with composite qudraticlyapunov functions[J].IEEE transactions on automatic control,2005,50(7):781-797.

[46] CAOY, LINZ. Stability analysis of discrete-time systems with actuator saturation by a saturation-dependent lyapunov function[J]. Automatica, 2003,39(7):1235-1241.

[47] CAOY, LINZ, SHAMASHY. Set invariance analysis and design gain-schedulingcontrol for LPV systems subject to actuator saturation[J].Systems and control letters,2002,46(2):137-151.

[48] CAOY,LINZ.Robust stability analysis and fuzzy-scheduling control for nonlinear systems subject to actuator saturation[J].IEEE transactions on fuzzy systems,2003,11(1):57-67.

[49] HUT,LINZ.Practical stabilization on the null controllable region of exponentially unstable linear systems subject to actuator saturation nonlinearitiesand disturbance[J].International journal of robust and nonlinear control,2001,11(6):555-588.

[50] LINZ.Almost disturbance decoupling with internal stability for linear systems subject to actuator saturation[J]. IEEE transactions on automatic control,1997,42(7):992-995.

[51] LINZ,SABERIA,TEELAR.Almost disturbance decoupling with internal stability for linear systems subject to input saturation-state feedback case [J].Automatica,1996,32(4):619-624.

[52] NGUYENT,JABBARIF.Disturbance attenuation for linear systems with input saturation: an LMI approach[J]. IEEE transactions on automatic control,1999,44(4):852-857.

[53] HUT,TEELAR,ZACCARIANL.Nonlinear L2 gain and regional analysis for linear systems with anti-windup compensition[C]//Proceedings of

the American control conference,2005:3391-3396.

[54] TARBOURIECHP C,GOMESJ M.Control design for linear systems with saturating actuators and L2-bounded disturbances[C]//Proceedings of the conference on decision and control,2002,(4):4148-4153.

[55] FANGH,LINZ,HUT.Analysis of linear systems in the presence of actuator saturation and L2-disturbances [J]. Automatica, 2004, 40 (7): 1229-1238.

[56] SHIG,SABERIA,STOORVOGELA.On the Lp stabilization of open-loop neutrally stable linear plants with input subject to amplitude constraints [J]. Internationaljournal robust and nonlinear control, 2003, 13 (8): 735-754.

[57] CHENBM.Composite nonlinear feedback control for linear systems with input saturation:Theory and application[J].IEEE transactions on automatic control,2003,48 (3):427-438.

[58] CAOY, LINZ, WARDDG. Anti-windup design output tracking systems subject to actuator saturation and constant disturbance[J].Automatica, 2004,40(7):1221-1248.

[59] LINZ,STOORVOGEL A A,SABERIA.Output regulation for linear systems subject to input saturation[J].Automatica,1996,32(1):29-47.

[60] MANTRIR,SABERIA,LINZ.Output regulation for linear discrete-time systems subject to input saturation[J].Internationaljournal robust and nonlinear control,1997,7(11):1003-1021.

[61] LINZ, MANTRIR, SABERIA. Semi-global output regulation for linear systems subject to input saturation — a low-and-high gain design[C]// Proceedings of the American control conference,1995,(5):3214-3218.

[62] SANTISRD,ISIDORIA.Output regulation for linear systems with anti-stable eigenvalues in the presence of input saturation[J].International-journal robust and nonlinear control,2000,10(6):423-468.

[63] HUT, LINZ. Output regulation of linear systems with bounded continuous feedback[J].IEEE transactions on automatic control,2004,49 (11):1941-1953.

[64] HUT, LINZ. Output regulation of general discrete-time linear systems with saturation nonlinearities[J].Internationaljournal of robust and nonlinear control,2002,12(13):1129-1143.

[65] 张骏,席裕庚.基于几何分析的约束下预测控制直接算法[J].控制与决策,1997,12(2):184-187.

[66] HL,HUANGB,CAOY.Robust digital model predictive control for linear uncertain systems with saturation [J].IEEE transactions on automatic control,2004,49 (5):792-796.

[67] OLIVEIRAS L,MORARIM.Contractive model predictive control for constrained nonlinear systems[J].IEEE transactions on automatic control,2000,45(6):1053-1071.

[68] BLANCHINIF.Set invariance in control[J].Automatica,1999,35(11):1747-1767.

[69] BITSORISG,VASSILAKIM.Constrained regulation of linear systems[J].Automatica,1995,31(2):223-227.

[70] SZNAIERM,DAMBORG MJ.Heuristically enhanced feedback control of constrained discrete-time systems[J].Automatica,1900,26(3):521-532.

[71] HUT,LINZ.Absolute stability with a generalized sector condition[J].IEEE transactions on automatic control,2004,49(4):535-548.

[72] HUT,RAFALG,TEELAR,et al.Conjugate Lyapunov functions for saturated linear systems[J].Automatica,2005,41(11):1949-1956.

[73] HUT,LINZ.Convex analysis of invariant sets for a class of nonlinear systems[J].Systems and control letters,2005,54(8):729-737.

[74] HUT, LINZ.Controlled invariance of ellipsoid: linear vs nonlinear feedback[J].Systems and control letters,2004,53(3-4):203-210.

[75] HUT,LINZ.On the tightness of a recent set invariance condition under actuator saturation[J].Systems and control letters,2003,49(5):389-399.

[76] XU S Y,CHEN T W.$H_\infty$ output feedback control for uncertain stochastic systems with time-varying delays[J].Automatica, 2004,40:2091-2098.

[77] BLANCHINIF.Constrained control for uncertain linear systems[J].Internationaljournal of optimization theory and applications, 1991, 71(3):465-484.

[78] WREDENHAGENGF,BELANGERPR.Piecewise linear LQ control for systems with input constraints[J].Automatica,1994,30(3):403-416.

[79] SUAREZR, SOLIS-DAUNJ, ALVAREZJ.Linear systems with bounded inputs:Global stabilization with eigenvalue placement[J].International-

journal of robust and nonlinear control,1997,7(9):835-845.

[80] KIMJH,BIENZ.Robust stability of uncertain systems with saturating actuators[J].IEEE transactions on automatic control,1994,39(1):202-206.

[81] CAOY,LINZ.Min-max MPC algorithm for LPV systems subject to input saturation [J].IEEproceedings of control theory and applications,2005,152(3):266-272.

[82] GOMESJ M,TARBOURIECHS,GARCIAG.Local stabilization of linear systems under amplitude and rate saturating actuators [J].IEEE transactions on automatic control,2003,48(5):842-847.

[83] CHELLABOINAV S,HADDADW M,OH J H.Fixed-order compensation for linear systems with actuator amplitude and rate saturations[J].International journal of control,2000,73(12):1087-1103.

[84] JABBARIF,KOSE I E.Rate and magnitude-bounded actuators:scheduled output feedback design[J].International journal of robust and nonlinear control,2004,14(13-14):1169-1184.

[85] STOORVOGELA,SABERIA.Output regulation of linear plants with actuators subject to amplitude and rate constraints[J].International journal of robust and nonlinear control,1999,9(10):631-657.

[86] SABERIA,HANJ.Constrained stabilization problems for linear plants[J].Automatica,2002,38(4):639-654.

[87] SABERIA,HANJ,STOORVOGEL A A.Constrained stabilization problems for discrete-time linear plants[J].International journal of robust and nonlinear control 2004,14(5):435-461.

[88] STOORVOGELA A,SABERIA,SHIG.Properties recoverable region and semi-global stabilization in recoverable region for linear systems subject to constraints [J].Automatica,2004,40(9):1481-1494.

[89] FANGH, LINZ. Stability analysis for linear systems under state constraints [J]. IEEETransactions on automatic control, 2004, 49 (6): 950-955.

[90] FAIZSE,RAMI M A,BENZAOUIAA.Stabilization and pole placement with respect to state constraints: a robust design via lmi [C]// Proceedings of the conference on decision and control,2003,(1):616-621.

[91] SHIG, SABERIA, STOORVOGELA A. Output regulation of discrete-

time linear plants subject to state and input constraints[J].International journal of robust and nonlinear control,2003,13(8):691-713.

[92] SHIG, SABERIA, STOORVOGELAA. Output regulation of linear plantssubject toconstraints [J].International journal of control,2003,76(2):149-164.

[93] KOPLONR B, HANTUSMLJ, SONTAGED. Observability of linear systems with saturated outputs[J].Linear algebra and its applications,1994,25(4):909-906.

[94] KERSIESLMEIER G. Stabilization of linear systems in the presence of output measurement saturation[J].Systems and control letters,1996,29(1):27-30.

[95] LINZ, HUT. Semi-global stabilization of linear systems subject to output saturation[J].Systems and control letters,2001,43(3):211-217.

[96] CAOY, LINZ, CHENBM. An output feedback controller design forlinear systems subject to sensor nonlinearities[J].IEEE trans circuits and systems-i:fundamental theory and applications,2003,50(7):914-921.

[97] NIEDERLINSKI A.A heuristic approach to the design of linear multivariable interacting control systems [J].Automatica,1971,7(6):691-701.

[98] SILJAK D D.Reliable control using multiple control systems [J].International journal of control,1980,31(2):303-329.

[99] ETEMO J S, LOOZE D P, WEISS J L, et al. Design issues for fault-tolerant restructurable aircraft control [C]//Proceedings of the 24th IEEE conference on decision &control, Fort Lauderdale, Florida, 1985.

[100] ANON.Challenges to control: a collective view[J].IEEE transaction on automatic control,1987,32(4):274-285.

[101] PATTON R J.Robustness issues in fault tolerant control [C]//Proceedings of international conference on fault diagnosis, Toulouse, France,1993.

[102] PATTON R J.Fault-tolerant control: the 1997 Situation[C]//Proceedings of ifac/imacs symposium on fault detection and safety for technical process, Hull, England,1997.

[103] 叶银忠,潘日芳,蒋慰孙.多变量稳定容错控制器的设计问题[C]//第一届过程控制科学书集会议,1987.

[104] 叶银忠,潘日芳,蒋慰孙.控制系统容错控制器的回顾与展望[C]//第二届过程控制科学书集会议,1988.

[105] 葛建华,孙优贤.容错控制系统的分析与综合[M].杭州:浙江大学出版社,1994.

[106] 周东华,孙优贤.控制系统的故障检测与诊断技术[M].北京:清华大学出版社,1994.

[107] 张育林,李东旭.动态系统故障诊断理论与应用[M].长沙:国防科技大学出版社,1997.

[108] 闻新,张洪钺,周露.控制系统的故障诊断和容错控制[M].北京:机械工业出版社,2000.

[109] 周东华,叶银忠.现代故障诊断与容错控制[M].北京:清华大学出版社,2000.

[110] 王福利,张颖伟.容错控制[M].沈阳:东北大学出版社,2003.

[111] 南英,陈士橹,戴冠中.容错控制进展[J].航空与航天,1993(4):62-67.

[112] 周东华,王庆林.基于模型的控制系统故障诊断技术的最新进展[J].自动化学报,1995,21(2):244-248.

[113] GUNDES A N.Controller design for reliable stabilization [C]//Proceedings of 12th IFAC world congress,1993.

[114] CAGLAYAN A K. Evaluation of a second generation reconfiguration strategy for aircraft flight control systems subjected to actuator failure surface damage[C]//Proceedings of the IEEE national aerospace and electronic conference,1988.

[115] MORSE W D,OSSMAN K A.Model-following reconfigurable flight control system for the afti/ f-16 [J]. Journal of guide line, control&dynamics,1990,13(6):969-976.

[116] WISE K A,BRINKER J S,CALISEA J.Direct adaptive reconfigurable flight control for a tailless advanced fighter aircraft[J]. International journal of robust and nonlinear control,1999,9:999- 1012.

[117] MAY BECK P S.Multiple adaptive algorithm for detecting and compensating sensor and actuator/surface failures in aircraft flight control systems[J]. International journal of robust and nonlinear control,1999,9:1051-1070.

[118] BAO G,LIU G,JIANG J,et al. Active fault-tolerant control system

design for a two-engine bleed air system of aircraft[C]//The 23rd congress of the international council of the aeronautical sciences, Canada,2002.

[119] ERYUUREK E. Fault-tolerant control and diagnostics for large scale systems[J]. IEEE transaction on control systems technology, 1995, 15 (5):33-42.

[120] CHEN Z,CHANG T.Modeling and fault tolerant control of large urban traffic net- work [C]//Proceedings of the American Control Conference,1997.

[121] BLANKE M,ZAMANABADI R,LOOTSMA T F.Fault monitoring and reconfigurable control for a ship propulsion plant [J]. International journal of adaptive control and signal process,1998,12:671-688.

[122] BONIVENTO C,PAOLI A,MARCONI L.Fault-tolerant control of the ship propulsion system benchmark[J]. Control engineering practice, 2003,11:483-492.

[123] GARCIA E H,RAYA,EDWARDSM R.A reconfigurable hybrid system and its application to power plant control[J]. IEEE transaction on control systems technology,1995,3(2):157-170.

[124] 沈毅,王艳,刘志言.造纸机网前箱系统鲁棒故障诊断及容错控制[J].哈尔滨工业大学学报,1998,30(5):43-49.

[125] NOURA H,SAUTER D,HAMELIN F,et al.Fault-tolerant control in dynamic system:application to a winding machine[J].IEEE control system magazine,2000:33-49.

[126] NIKSEFAT N,SEPEHRI N. A qft fault-tolerant control for electro-hydraulic positioning systems[J]. IEEE transaction on control system technology,2002,10(4):626-632.

[127] BONIVENTO C,ISIDORI A,MARCONI L,PAOLI A.Implicit fault-tolerant control: application to induction motors[J]. Automatica, 2004, 40:355-371.

[128] VIDYASAGAR M,VISWANADHAM N.Reliable stabilization using a multi-controller configuration[J].Automatica,1985,21(4):599-602.

[129] SEBE N, KITAMORI T. Control systems possessing reliability to control [C]//Proceedings of 12th IFAC world congress,1993,4:1-4.

[130] SAEKS R, MURRAY J. Fractional representation, algebraic geometry, and the simultaneous stabilization problem[J]. IEEE transaction on automatic control, 1982, 24 (4): 895-903.

[131] OLBROT A W. Robust stabilization of uncertain systems by periodic feedback [J]. International journal of control, 1987, 45(3): 747-758.

[132] KABAMBA P T, YANG C. Simultaneous controller design for linear time-invariant systems [J]. IEEE transaction on automatic control, 1991, 36 (1): 106-111.

[133] SHIMEMURA E, FUJITA M. A design method for linear state feedback systems possessing integrity based on a solution of a riccati-type equation[J]. Int journal of control, 1985, 42(4): 887-899.

[134] GUNDES A N. Stability of feedback systems with sensor or actuator failures: analy- sis[J]. Int journal of control, 1992, 56(4): 735-753.

[135] 葛建华,孙优贤,周春辉.故障系统容错能力判别的研究[J].信息与控制,1989,18(4):8-11.

[136] 程一,朱宗林,高金陵.使闭环系统对执行器失效具有完整性的动态补偿器设计[J].自动化学报,1990,16(4):297-301.

[137] HUANG S, SHAO H. A design method for control systems possessing integrity [J]. 控制理论与应用,1994,11(2):161-166.

[138] 王子栋,郭治.线性连续随机系统的容错约束方差控制设计[J].自动化学报,1996,22(4):501-503.

[139] YANG Y, YANG G H, SOH Y C. Reliable control of discrete-time systems with actuator failure [J]. IEEE proceedings-control theory and applications, 2000, 47(4): 428-432.

[140] YANG G H, WANG J L, YENG C S. Reliable guaranteed cost control for uncertain nonlinear systems [J]. IEEE transactions onautomatic control, 2000, 45(11): 2188-2192.

[141] SHOR M H, PERKINS W R, MEDANIC J V. Design of reliable decentralized controllers: a unified continuous / discrete formulations [J]. International journal of control, 1992, 56(4): 943-956.

[142] 黄苏南,邵惠鹤.分散控制的完整性设计[J].自动化学报,1994,20(5):594-598.

[143] WANG L F, HUANG B, TAN K C. Faulttoleamt vibration control in

anetworked and embedded rocket fairing system [J]. IEEE transaction on automatic control,2004,51(6):1127-1141.

[144] VEILLETTE R J,MEDANIC J V,PERKINS W R.Design of reliable control systems [J]. IEEE transaction on automatic control, 1992, 37 (3):290-304.

[145] YANG G H,WANG J L,SOH Y C.Reliablecontroller design for linear sys- tems[J].Automatica,2001,37(3):717-725.

[146] 王福忠,姚波,张嗣瀛.具有执行器故障的保成本可靠控制[J].东北大学学报,2003,24(7):616-619.

[147] LIU J,WANG J L,YANG G H.Reliable robust minimum variance filtering with sensor failures[C]//American control conference,Arlington, VA.,2001.

[148] MOERDER D D.Application of pre-computed control laws in a reconfigurable aircraft flight control system [J]. Journal of guidance, control &dynamics,1989,12(3):325-333.

[149] RUGH W J.Analytical framework for gains scheduling [J].IEEE control system magazine,1991,11:79-84.

[150] SHAMMA J,ATHANS M.Gain scheduling:potential hazards and possible remedies[J].IEEE control system magazine,1992,10 (3):101-107.

[151] LAWRENCE D,RUGH W.Gain scheduling dynamic linear controllers for nonlinear plant[J].Automatica,1995,31(3):381-388.

[152] KAMINER.A velocity algorithm for the implementation of gain-scheduled con- trollers[J].Automatica,1995,31(8):1185-1192.

[153] ZHAO Q,JIANG J.Reliable state feedback control system design against actuator failures[J].Automatica,1998,34(10):1267-1272.

[154] JIANG J.Design of reconfigurable control systems using eigenstructure assign- ments [J].International journal of control,1994,59(2):394-410.

[155] JIANG J,ZHAO Q.Fault tolerant control system synthesis using imprecise fault identification and reconfigurable control [C]//Proceedings of the 1998 IEEE ISIC/CIRA/ISAS joint conference,Gainthersburg,1998.

[156] WU N E,ZHANG Y M,ZHOU K M.Detection,estimation,and accommodation of loss of control effectiveness [J].International journal of adaptive control and signal process,2000,14:774-795.

[157] ZHANG Y M, JIANG J. Design of proportional-integral reconfigurable control systems via eigenstructure assignment[C]//Proceedings of the american control conference, 2000.

[158] ZHANG Y M, JIANG J. Fault tolerant control systems design with consideration of performance degradation [C]//proceedings of the american control conference, Arlington, 2001.

[159] HUBER R R, CULLOCH M B. Self-repairing flight control system [J]. Saetechnical. paper series, 1984:1-20.

[160] HENRY D, ZOLGHADRI A. Design and analysis of robust residual generators for systems under feedback control[J]. Automatica, 2005, 41:251-264.

[161] RAMAMURTHI K, AGOGINO A M. Real-time expert system for fault tolerant supervisory control [J]. Journal of dynamic systems, measurement, and control, 1993, 5(3):219-227.

[162] GAO Z, ANTSAKLIS P J. Stability of the pdeudo-inverse method for reconfigurable control systems[J]. International journal of control, 1991, 53(3):711-729.

[163] BAO G, LIU G, JIANG J. Active fault-tolerant control system design for a two-engine bleed air system of aircraft [C]//The 23rd congress of the international council of the aeronautical sciences, Canada, 2002.

[164] AHMED-ZAID F, IOANNOU P, GOUSMAN K, et al. Accommodation of failures in the 16 aircraft using adaptive control [J]. IEEE control systems, 1991, 11(1):73-78.

[165] 杨建军，史忠科，戴冠中.最优鲁棒容错控制新方法及其在飞行控制中的应用[J].控制理论与应用，1998，15(5):780-783.

[166] 胡寿松，程炯.飞机的模型参考容错控制[J].航空学报，1991，(05):279-286.

[167] 胡寿松，郭伟，张德发.歼击机结构故障的检测与自修复控制律重构[J].航空学报，1998，(06):35-38.

[168] Li X J, YANG G H. Fault detection for linear stochastic systems with sensor stuck faults[J]. Optimal control applications and methods, 2012, 33:61-80.

[169] 柴天佑，谢守烈.随机多变量系统的自适应容错控制[J].自动化学报，

1995,21(4):476-479.

[170] GROSZKIEWICZ J E,Bodson M.Flight control reconfiguration using adaptive mathods[C]//Proceedings of the 34th conference on decision &control,1995.

[171] IKEDA K,SHIN S.Fault tolerance of autonomous decentralized adaptive control systems[J]. International journal of systems science, 1998, 29 (7):773-782.

[172] BOSKOVIC J D,MEHRA R K.A multiple model-based reconfigurable flight control system design[C]//Proceedings of the 37th IEEE conference on decision & control,Florida,1998.

[173] BOSKOVIC J D, LI S, MEHRA R K. A decentralized fault-tolerant scheme for flight control applications[C]//Proceedings of the 2000 American control conference,Chicago,Illinois,2000.

[174] BODSON M,GROSZKIEWICZ J E.Multivariable adaptive algorithms for reconfigurable flight control [J]. IEEE transaction on control systems technology,1997,5(2):217-229.

[175] TAO G, CHEN S H, JOSHI S M. An adaptive control scheme for systems with unknown actuator failures[C]//Proceedings of the American control conference,Arlington,VA,2001.

[176] TaO G,TANG X,JOSHI S M.Output tracking actuator failure compensation control[A],Proceedings of the Americancontrol conference[C]// Arlington,2001.

[177] TAO G,JOSHI S M,MA X L.Adaptive state feedback and tracking control of systems with actuator failures[J].IEEE transaction on automatic control,2002,46(1):78- 95.

[178] TAO G, CHEN S H, JOSHI S M. An adaptive control scheme for systems with actuator failures[J].Automatica,2002,38:1027-1034.

[179] CHEN S,TAO G,JOSHI S M.Adaptive actuator failure compensation designs for linear systems [J]. International journal of control, automation,and aystems,2004,2(1):1-12.

[180] DAROUACH M,ZASADZINSKI M.Unbiased minimum variance estimation for systems with unknown exogenous inputs[J]. Automatica, 1997,33(4):717-719.

[181] HIPPE P, WURMTHALER C. Systematic closed-loop design in the presence of input saturations.automatica,1999,35:689-695.

[182] FLIEGNER T,LOGEMANN H,RYAN E P.Low-gain integral control of continuous-timelinear systems subject to input and output nonlinearities[J].Automatica,2003,39:45(5):56-62.

[183] GROGNARD F, SEPULCHRE R, BASTIN G. Improving the performance of low-gain designs for bounded control of linear systems [J].Automatica,2002,38:1777-1782.

[184] CHAOUI FZ,GIRI F,M"SAAD M.Asymptotic stabilization of linear plants in the presence of input and output saturations[J].Automatica, 2001,37:37-42.

[185] LU P.Tracking control of nonlinear systems with bounded controls and control rates[J].Automatica,1997,33:1199-1202

[186] KARASON S P,ANNASWAMY A M.Adaptive control in the presence of input constraints[J].IEEE transactions on automatic control,1994, 39:2325-2330.

[187] ANNASWAMY A M,EVESQUE S,NICULESCU S.I, et al.Adaptive control of a class of time-delay systems in the presence of saturation[J]. Adaptive control of nonsmooth dynamic systems,2001:289-310.

[188] BEMPORAD A,TEEL A R,ZACCARIAN L.Anti-windup synthesis via sampled-data piecewise affine optimal control[J].Automatica,2004,40: 549-562.

[189] FENG G.Robust adaptive control of input rate constrained discrete time systems[J]. Adaptive control of nonsmooth dynamic systems, 2001: 333-348.

[190] ZHANG C.Adaptive control with input saturation constraints[J].Adaptive control of nonsmooth dynamic systems,2001:361-381.

[191] CHAOUI FZ, GIRI F, DION J M, et al. Adaptive tracking with saturating input and controller integration action[J].IEEE transactions on automatic control,1998,43:1638-1643.

[192] CHAOUI F Z,GIRI F,M'SAAD M.Adaptive control of inputconstrained type-1 plants stabilization and tracking [J]. Automatica, 2001, 37: 197-203.

[193] KRSTIC M,KANELLAKOPOULOS I,KOKOTOVIC.Nonlinear and adaptive control design[M].New York:Wiley,1995.

[194] ZHAN Y,WEN C,SOH Y C.Adaptive backstepping control design for systems with unknown high-frequency gain[J].IEEE transactions on automatic control,2000,45:2350-2354.

[195] ZHOU J,WEN C,ZHANG Y.Adaptive backstepping control of a class of uncertain nonlinear systems with unknown backlash-like hysteresis [J].IEEE transactions on automatic control,2004,49:1751-1757

[196] ASTROM K J,WITTENMARK B.Computer-controlled systems:theory and design[J].3rd .Londen:PrenticeHall,1996.

[197] CHENBEN M, LEETONG H, PENGKEMAO, et al. Composite nonlinear feedback control for linear systems with input saturation:Theory and an application[J].IEEE transanction on automatic control,2003,48(3):427-439.

[198] WALGAMA KS,STEMBY J.Inherent observer property in a class of anti-windup compensator[J]. Internatianal journal of control,1990,52(3):705-724.

[199] HANUS R,PENG Y.Conditioning technique for controller with time-delays[J]. IEEE transactions on automatic control, 1992, AC-37(5):689-692.

[200] WbrKMAN M.Adaptive proximate lime optimal servomechanism[D]. Stanford CA:Stanford University,1987.

[201] WALGAMA KS,STEMBY J.Inherent observer property in a class of anti-winduo compensator[J].International journal of control,1990,52:705-724.

[202] NIU W.Arobust Anti-Windupcontroller design for asymptotic tracking of motion control system subjected to actuator saturation[C]//The37th IEEE conference on design and control,Tampa,1998.

[203] CHAN C W,HUI K.On the existence of globally stable actuator saturation compensators[J]. International journal of control, 1998, 60(6):773-788.

[204] SU C Y,STEPANENKO Y,SVOBODA J,et al.Robust adaptive control of a class of nonlinear systems with unknown backlash-like hysteresis

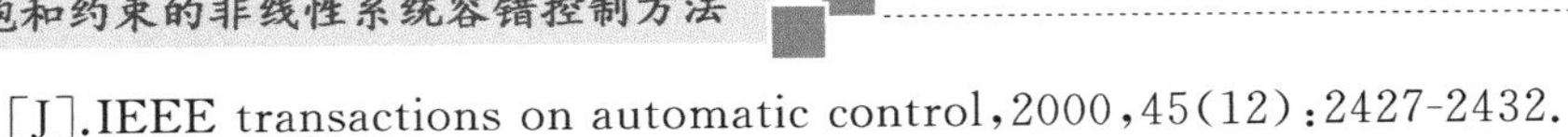

[J].IEEE transactions on automatic control,2000,45(12):2427-2432.

[205] HODGDON M L.Applications of a theory of ferromagnetic hysteresis [J].IEEE transactions magnetics,1988,24(1):218-221.

[206] OH J H, BERNSTEIN D S. Semilinear Duhem model for rate-independent and rate- dependent hysteresis [J].IEEE transactions on automatic control,2005,50(5):631-645.

[207] ZHANG Y,WEN C Y,SOH Y C.Adaptive backstepping control design for systems with unknown high-frequency gain [J].IEEE transactions on automatic control,2000,45(12):2350-2355.

[208] HWANG C L,JAN C.A reinforcement discrete neuro-adaptive control for unknown piezoelectric actuator systems with dominant hysteresis [J].IEEE transactions on neural networks,2003,14(1):66-78.

[209] SU C Y,WANG Q Q,CHEN X K,et al.Adaptive variable structure control of a class of nonlinear system with unknown Prandtl-Ishlinskii hysteresis [J]. IEEE transactions on automatic control, 2005, 50 (12): 2069-2074.

[210] LI C T,TAN Y H.Adaptive output feedback control of systems preceded by the Preisach-type hysteresis [J].IEEE transactions systems,man and cybernetics-part b:cybernetics,2005,35(1):130-135.

[211] SU C Y,STEPANENKO Y,SVOBODA J,et al.Robust adaptive control of a class of nonlinear systems with unknown backlash-like hysteresis [J].IEEE transactions on automatic control,2000,45(12):2427-2432.

[212] LIAO F, WANG J L, YANG G H. Reliable robust flight tracking control: An LMI approach[J]. IEEE transactions on control systems technology,2002,10(1):76-89.

[213] ZHAO Q,JIANG J.Reliable state feedback control system design against actuator failures[J].Automatica,1998,34(10):1267-1272.

[214] ZHOU K,DOYLE J C,GLOVER K.Robustoptimal control[M].Englewood Cliffs,NJ:Prentice-Hall,1996.

[215] VEILLETTE R J. Reliable linear-quadratic state-feedback control[J]. Automatica,1995,31(1):137-143.

[216] YANG G H, WANG J L, SOH Y C. ReliableH controller design for linear systems[J].Automatica,2001,37(5):717-725.

[217] YE D,YANG G H.Adaptive fault-tolerant tracking control against actuator faults with application to flight control[J].IEEE transactions on control systems technology,2006,14(6):1088-1096.

[218] WU F,PRAJNA S.SOS-based solution approach to polynomial LPV system analysis and synthesis problems[J].International journal of control,2005,78(8):600-611.

[219] VAN DER SCHAFT A J.L2-gain analysis of nonlinear systems and nonlinear state-feedback Hinfty control[J].IEEE transactions on automatic control,1992,37(6):770-784.

[220] MA H J,YANG G H.Fault-tolerant control synthesis for a class of nonlinear systems:Sum of squares optimization approach[J].International journal of robust and nonlinear control,2008,19(5):591-610.

[221] REZNICK B. Extremal PSD forms with few terms [J]. Duke mathematical journal,1978,45(2):363-374.

[222] EBENBAUER C, ALLGOWER F. Analysis and design of polynomial control,systems using dissipation inequalities and sum of squares[J]. Computers and chemical engineering,2006,30(2):1590-1602.

[223] MAO Z,JIANG B.Fault identification and fault-tolerant control for a class of networked control systems [J]. International journal of innovative imputing,information and control,2007,3:1121-1130.

[224] GUO L,WANG H.Fault detection and diagnosis for general stochastic systems using B-spline expansions and nonlinear filters[J].IEEE transactions on circuits and Systems,2005,52:1644-1652.

[225] WANG H,YANG G H.Integrated fault detection and control for LPV systems[J].International journal of robust and nonlinear control,2009,19:341-363.

[226] DING.Integrated design of feedback controllers and fault detectors[J]. Annual reviews in control,2009,33:124-135.

[227] KHOSROWJERDI M J,NIKOUKHAH R,SAFARI-SHAD N.A mixed $H_2/H_\infty$ approach to simultaneous fault detection and control[J].Automatica,2004,40:261-267.

[228] HENRY D,ZOLGHADRI A.Design and analysis of robust residual generators for systems under feedback control[J]. Automatica, 2005, 41:

251-264.

[229] WONHAM W.M,On a matrixriccati equation of stochastic control[J]. SIAM journal on control,1968,6:681-697,.

[230] ZHANG W,CHEN BS,TSENG C S.Robust H∞ filtering for nonlinear stochastic systems[J].IEEE transactions on signal processing,2005,53:589-598.

[231] WANG Z D,LIU Y R,LIU X H.H∞ Filter for uncertain stochastic time-delay systems with sector-bounded nonlinearities[J].Automatica,2008,44:1268-1277.

[232] WU L G,DANIEL WC.Fuzzy filter design for Itô stochastic systems with application to sensor fault detection[J].IEEE transactions on fuzzy systems,2009,17:233-242.

[233] LI XJ,YANG G H.Fault detection for linear stochastic systems with sensor stuck faults[J].Optimal control applications and methods,2012,33:61-80.

[234] LI XJ,YANG GH.Fault detection filter design for stochastic time-delay systems with sensor faults[J].International journal of systems science,2012,43:1504-1518.

[235] XU S Y, CHEN T W. $H_\infty$ output feedback control for uncertain stochastic systems with time-varying delays[J]. Automatica, 2004, 40:2091-2098.

[236] LI L,JIA Y M,DU J P,et al.Dyanmic output feedback control for a class of stochastic time-delay systems[C]//Proceedings of American control conference,hyatt regency riverfront,St.Louis,MO,USA,2009.

[237] LI XJ,YANG GH.Dynamic output feedback control synthesis for stochastic time-delay systems[J].International journal of systems science,2012,43:586-595.

[238] SIMANDL M, PUNCOCHAR I. Active fault detection and control: unified formulation and optimal design [J]. Automatica, 2009, 45:2052-2059.

[239] HARA S,IWASAKI T,SHIOKATA .Robust PID control using generalized KYP synthesis: direct open-loop shaping in multiple frequency ranges[J].IEEE control systems magazine,2006,26:80-91.

[240] MAO X, YUAN C. Stochastic Differential Equations With Markovian Switching[M]. London: Imperial College Press, 2006.

[241] SCHERER CW, GAHINET P, CHILALI M. Multiobjective output-feedback control via LMI optimization[J]. IEEE transactions on automatic control, 1997, 42: 896-911,.

[242] HOANG DTUAN, PIERRE APKARIAN, TRUONG Q, et al. Robust and reduced-order filter: new lmi-based characterizations and methods [J]. IEEE transactions on singal processing, 2001, 49: 2975-2984.

[243] PIPELEERS G, DEMELUENAERE B, SWEVERS J, et al. Extended LMI characterizations for stability and performance of linear systems [J]. System and control letters, 2009, 58: 510-518.

[244] SKELTON R E, IWASAKI T, GRIGORIADIS K M. A unified algebraic approach to linear control design[M]. New York: Taylor Francis, 1997.

[245] BOYD S P, GHAOUI EL L, FERON E, et al. Linear matrix inequalities in system and control theory[M]. Ser SIAM studied in applied mathematics, philadelphia, PA: SIAM, 1994.

[246] DING S X. Model-based fault diagnosis techniques, algorithms and tools [M]. Berlin: Springer, 2008.

[247] HIGHAM D. An algorithmic introduction to numerical simulation of stochastic differential equations[J]. Siam review, 2001, 43: 525-546.

[248] ADAMS R J, BUFFINGTON J M, PARKS A G S, et al. Robust multivaribal flight fontrol[M]. London: Springer-Verlag, 1994.